城乡建设发展系列

·本专著由国家自然科学基金项目资助（项目编号：42104087）

高精度大地水准面模型的确定方法及应用研究

—— 马志伟◎著 ——

STUDY ON THE DETERMINATION METHOD
AND APPLICATION OF HIGH PRECISION GEOID MODEL

U0353040

中国经济出版社
CHINA ECONOMIC PUBLISHING HOUSE
北 京

图书在版编目 (CIP) 数据

高精度大地水准面模型的确定方法及应用研究 ／ 马
志伟著 ． --北京：中国经济出版社，2023.8
ISBN 978-7-5136-7405-8

Ⅰ．①高… Ⅱ．①马… Ⅲ．①大地水准面-模型-研
究 Ⅳ．①P224.1

中国国家版本馆 CIP 数据核字（2023）第 142294 号

策划编辑　叶亲忠
责任编辑　罗　茜
责任印制　马小宾
封面设计　华子设计

出版发行　中国经济出版社
印　刷　者　河北宝昌佳彩印刷有限公司
经　销　者　各地新华书店
开　　　本　710mm×1000mm　1/16
印　　　张　14.25
字　　　数　197 千字
版　　　次　2023 年 8 月第 1 版
印　　　次　2023 年 8 月第 1 次
定　　　价　88.00 元
广告经营许可证　京西工商广字第 8179 号

中国经济出版社 网址 www.economyph.com 社址 北京市东城区安定门外大街 58 号 邮编 100011
本版图书如存在印装质量问题，请与本社销售中心联系调换(联系电话-010-57512564)

　　本书是河南财经政法大学出版的一本反映现代高精度大地水准面模型确定理论、方法、计算技术及其应用研究的专著，基本内容包括：大地水准面的发展状况，高程基准，计算大地水准面采用的数学模型、计算方法和技术，GNSS/水准和卫星跟踪观测，数据处理归算的理论、方法和技术。本书比较完整和翔实地介绍了陆地大地水准面、海洋大地水准面、陆地与海洋的拼接和多源数据融合方法，可为读者提供确定高精度大地水准面较为系统的理论知识和计算模型。

　　地球重力场是地球的一种重要物理特性，它可以反映地球内部物质密度分布、运动和变化状态，并制约地球本身及其邻近空间的一切物理事件。同样，大地测量学是对地球进行测量和描述的学科，一切大地测量工作都受到地球重力场的影响和制约，所以地球重力场研究始终是大地测量科学研究的核心问题，也是现代大地测量学中最为活跃的领域之一。不仅如此，像地球物理学、地球动力学、海洋学和冰川学等相关地学学科的发展均迫切需要更加精密的地球重力场模型的支持。因此，研究地球重力场是地球科学的一项基础性科学研究任务。

　　大地水准面是大地测量中的高程基准面。现代 GNSS/水准测量出现后，只要大地水准面能达到相应的分辨率和精度，GNSS 测量结合大地水准面模型就可能代替繁重的几何水准测量工作，因此不断精化大地水准面将成为当前地球重力场研究的主要任务之一。研究和建立能直接用于测绘生产的高精度、高分辨率大地水准面对全球测绘事业发展起着举足轻重的作用。本书在撰写过程中，引用了国际上一些常用的确定大地水准面的理论和方法，通过收集国内外有关地球重力场的资料并进行处理，获得了一些有创新性的研究成果。为了更好地反映所得的成果，笔者编著了这本书，供同行们交流。这本书不仅是项目的总结或研究报告，而且是结合项目研究内容，将国内外研究地球重力场和大地水准面的一些重要理论、技术和方法，结合笔者自己的研究实践和成果所作的比较全面而系统的阐述以及相关的分析与评价，并且笔者尽可能地依据实际的研究结论对这些理论和方法加以详述，以期和同行作进一步探讨。由于各方面原因，本书定有疏漏和不当之处，恳请读者批评指正。

目录

第 1 章

引 言

1.1 大地水准面在现代大地测量中的作用

大地水准面作为测定正高的基准面通常以地球重力场理论为基础，通过解算相应大地测量边值问题来确定。目前，地球重力场理论通常是基于"静态"地球模型的假设，即将地球视为刚体，以常值角速度绕固定的自转轴旋转，自转轴通过地球的质心，地球表面的外空间没有质量。

理论上，大地水准面定义为与全球无潮平均海水面最佳密合的重力等位面，并用这个面相对参考椭球面的大地高描述它的起伏，从而构成一种可应用的模型。当参考椭球选为平均地球椭球，所确定的大地水准面为全球"绝对"大地水准面。该平均地球椭球的中心与地心重合，短轴与地球平自转轴重合，表面与全球大地水准面最佳密合。然而，要确定满足这些条件的地球椭球，则需要全球范围内的大地测量数据。当参考椭球选择为区域性参考椭球，则确定的大地水准面为区域性"相对"大地水准面。区域性参考椭球只要求其短轴平行于地球平自转轴，并与某区域的大地水准面最佳密合，可由区域大地测量数据确定椭球相对地球的定位和定向，其大小和形状通常采用一个较好的国际地球椭球的参数。

在卫星大地测量尚未出现的时代，各国利用常规天文大地测量方法建立了本国独立的大地坐标系。这一过程通常分为两步：第一步，在国内选择一个大地原点，同时选择一个给定参数的参考椭球，在原点上可简单设定其大地经纬度等于在该点测定的天文经纬度，则该点的垂线偏差为零。并且，设定原点的大地高等于该点测定的近似正高，即该点的大地水准面与椭球面相切，则大地水准面在这点的起伏值为零。接着，再从原点出发选择一条边，通常是一等天文大地网中的一条边，测定该边在原点的天文方位角和边长。由于原点的垂线偏差为零，则该边的大地方位角等于天文方位角。这就完成了参考椭球的初步定位，即建立了一个相应的初始大地坐标系。但是，这样确定的参考椭球虽然满足短轴平行于地球平自转轴的条件，但不满足与本区域大地水准面最佳密合的条件。第二步，在建立全国天文大地网的同时，布设天文水准点或天文重力水准点，仍然由大地原点出发，利用原点上的已知大地水准面高（零或某一数值）和天文重力水准计算的大地水准面高之差推算出全国天文重力水准路线上所有点的大地水准面高，即相对于初始参考椭球面的大地高。但是，当大地水准面相对这个参考椭球面的起伏有明显的系统性，即两者之间密合度较差时，则可根据大地水准面高的平方和最小的原则，进一步改善参考椭球的定位，从而求解大地原点和天文重力水准路线上各点大地水准面高的改正数。这一过程相当于对初始参考椭球做小的平移，若有必要还可调整椭球的形状和大小，进而实现对参考椭球的重新定位。由此建立了有别于第一步定义的初始大地坐标系的新的国家大地坐标系，并得到大地水准面相对新参考椭球面的起伏。在这里，大地水准面高是采用天文水准或天文重力水准的方法推求出来的。所谓天文水准，是指利用重力垂线偏差表示大地水准面的倾斜，用两点间天文大地垂线偏差和距离推求两点间的大地水准面高差。这种方法必须满足两点间的天文大地垂线偏差是线性变化的条件。通常在天文大地网中同时具有天文和大地经纬度的点与点间距离 100~200km，然而，在这样长的距离上，天文大地垂线偏差由于受局部重力场的影响是非线性的，因此若用天文水准推算大地水准面高差则必须加测许多天文点，这就大大增加了天文测量的工作量，在实际应用中是有困难的。为了克服天文水准的这种缺陷，研究者提出了天文重力水准的方法，即综合利用天文测量、大地测量和重力测量资料推求相隔较远的两个天文大地点之间的大地水准面高差。这种方法是以内插天文大地垂线偏差的原理为基础的。它利用计算点周围一定区域内的重力数据，在天文水准算出的大地水准面高差中加一个重力改正项，改正由于天文大地垂线偏差非线性变化造成的影响。

经典的确定区域性相对大地水准面的天文重力水准方法，可以达到较高的相对精度。但是，由于野外天文测量困难、效率低、环形天文水准路线整体分辨率低且各点分辨率分布不均匀，用此法确定的大地水准面除用于区域参考椭球定位外，还用于将地面大地测量观测数据归算到参考椭球面。常规大地测量技术不能直接测定地面点的大地高，要归算所需要的大地高，只能由水准测量测定的近似正高加上由天文重力水准确定的低精度大地水准面高来近似求定。卫星大地测量技术的出现和迅速发展，特别是卫星定位技术 GPS(Global Positioning System)、GRACE、GOCE 的普及，为全球大地测量提供了有效手段，可直接测定地面点三维大地坐标以及用卫星重力技术确定全球重力场和大地水准面，由此可求定更精确的平均地球椭球参数及其地心定位定向，从而使建立厘米级精度的大地水准面模型成为可能。

另外，除水准测量外，GPS 定位技术正在取代常规地面大地测量相对定位技术，地球重力场参数在大地测量中的作用已从用于归算地面观测值转移到满足卫星精密定轨的需要，因而要求建立更加精密的全球重力场模型。测定大地水准面相对起伏的天文重力水准方法已完成了它的历史使命，退出了大地测量的历史舞台。现代确定区域重力场和大地水准面模型的方法普遍利用高分辨率的地面重力测量数据作为基础数据，按 Stokes 理论和方法求解，并在解算中联合 GPS/水准测量结果。由 GPS 测定地面点相对平均椭球面的大地高，减去由水准测量测定的正高就可以直接求出该点的大地水准面高。

然而，由 Stokes 理论确定的大地水准面，要求移去大地水准面外的地形质量，而且需要地壳密度的假设，得到的是经地壳质量调整后的大地水准面，因此存在这种调整产生的间接影响。因此以大地水准面为参考面的正高，实际上是不能用水准测量严密测定的，这是 Stokes 理论本身存在的缺陷。而 Molodensky 抛开大地水准面的概念，从地球真正的自然形状出发，直接以地面重力异常为边值解算大地边值问题确定高程异常，从而避开了密度假设，理论上也不需重力归算和调整地壳质量，因此，Molodensky 理论可以用水准测量严密测定出来。虽然这一理论近乎完美，但其丢失了大地水准面的地球物理意义。虽然大地水准面和似大地水准面之间在理论上存在转换关系，但实现这一转换需要对地壳密度进行假设，大地水准面外存在地形质量是目前还难以逾越的障碍。

另外，Molodensky 问题和 Stokes 问题解的数学结构有密切关联，Molodensky 级数的零阶项就是 Stokes 积分，只是其中的重力异常是地面重力异常，一阶项也是 Stokes 积分形式。因此在球近似情况下，当仅顾及零阶项和一阶项，高程异常的计算公式可简化为 Stokes 公式，其中的重力异常是加地形影响改正的地面重力异常。

1.2 大地水准面研究的目的和意义

确定高精度、高分辨率的大地水准面是一个国家测绘事业发展，尤其是大地测量发展的一项基础性建设工程。

随着现代科学技术的发展，特别是空间技术的发展，大地测量学推进到一个崭新的发展阶段，大地测量学的理论和技术体系都发生了深刻变化。研究和确定地球重力场的精细结构在现代大地测量学领域处于突出地位，但是，受技术条件的限制，在经典的大地测量中，对地球重力场的研究却是理论走在实践的前面（Moritz, 1982）。同时，常规地面大地测量的技术模式，无论是分辨率还是精度都难以满足现代科学技术的需求，因为其主要任务是用地面几何大地测量方法建立区域性的相对大地测量定位基准，地球重力场的信息在几何大地测量定位中仅用于将物理空间的观测数据转换到几何空间，不起关键作用。卫星大地测量技术的出现使大地测量定位基准从常规的地面静态基准（大地控制网）发展到地球外空间的动态基准，即卫星在一个全球地心坐标系中的轨道位置。地面大地测量精密卫星定位取决于卫星的精密定轨，实现精密定轨的基本条件是已知一个精密的全球重力场模型。因此，地球重力场信息在大地测量定位中起着关键作用。

确定地球重力场，主要是建立全球重力场模型和确定大地水准面，尤其是区域性高精度和高分辨率的大地水准面模型。这两项任务紧密相关，是一个问题的两个方面。这两种模型的建立，理论上都归结为求解重力测量边值问题，即 Stokes 问题或 Molodensky 问题。建立一个地球重力位模型，即扰动位模型，也就确定了由这个模型定义的大地水准面。大地水准面高与扰动位呈简单的比例关系，但是，目前的全球扰动位模型通常只能比较准确地表达地球重力场的中、长波段频谱结构，分辨率相对较低。在利用地面重力测量数据确定区域性高分辨率大地水准面的求解过程中，全球重力场模型又作为参考重力场，对确定区域大地水准面起到一种中、长波的控制作用。

此外，大地水准面在大地测量中的应用，除了建立大地测量坐标系，确定参考椭球参数及其在地球体内的定位定向作用外，在现代卫星大地测量定位中，还可起到另一种重要的基准作用：高分辨率、高精度的大地水准面数值模型，可给出任一地面点的大地水准面高信息，可以看作一种测定高程的参考框架。水准测量的参考基准只是大地水准面上一个特定的点（一个验潮站确定的平均海面），其他所有地面点的正常高或正高都要从这一点出发通过水准测量传递。而大地水准面模型却提供了覆盖大陆地区任意位置的高程参考面，由此通过 GPS 大地高测量结合大地水准面模型即可确定地面点的正常高或正高。未来，高分辨率厘米级精度或更优的大地水准面模型，将为用 GPS 精密测定地面点正常高或正高提供巨大潜力，具有广泛的发展前景。并且，理论上 GPS/水准的作业方式可按点独立测定，避免了传统水准测量方式中按一定路线传递高程，故可以较好地避免因路线传递造成的累积系统误差；在大地测量中通常采用 GPS 相对定位，由于在全球范围内分布有许多高精度的绝对定位基准站(如 IGS 站、GPS 永久跟踪站、SLR 站等)，这可以在很大程度上控制传递误差的积累。精密大地水准面的确定，使未来海拔高程的测量以 GPS 测高为主，辅以少量水准测量，将极大地改善现有的高程测量模式。这预示着，除某些工程测量必须采用高精度的水准测量外，大量繁重的水准测量工作在测绘作业中的作用将被弱化，而逐步被 GPS/水准测高所代替。这将为高程测量技术模式的革新打下基础，并有望产生显著的经济效益。

大地水准面是统一全球高程基准最适宜的参考面。由于高程基准不同，国与国之间的数字地面模型(DTM)往往会出现拼接差。例如，世界最高峰珠穆朗玛峰(简称珠峰)的高程就会有多值性，我国公布的精确珠峰高程是以中国黄海平均海面起算的，而用印度洋或其他海域的平均海面起算，高程可能相差 1~2m。地面点的海拔高程是人类经济社会活动所需要的重要信息，特别是水利资源的开发利用、预防洪水灾害、规划设计抗洪抢险工程等所必须掌握的重要信息。随着经济全球化趋势的不断发展，必然要求包括地理信息在内的信息资源可实现共享，而这一发展趋势，将推动"数字地球"从概念走向现实，并推动人类社会进入世界网络社会。此外，随着未来全球高精度、高分辨率大地水准面目标的实现，统一全球高程基准的问题将水到渠成。目前，中、长波(低于 100km 分辨率的波段)的厘米级精度大地水准面已经通过新一代卫星重力计划[例如，CHAMP (Challenging Mini-Satellite Payload)、GRACE (Gravity Recovery and Climate Experiment)和 GOCE (Gravity Field and Steady-State Ocean Circulation Explorer)]实现，而高于 100km 分辨率的厘米级大地水准面，必须利用区域性的地面或航空重力测量，结合更密集的 GPS/水准来实现，这将是一个长期的任务。目前，大多数国家或地区的大地水准面沿着这一发展方向，基本上实现了中波（100~500km）和部分地区短波（50~100km）分米级精度大地水准面的目标。从长远看，这为将来实现全球高程基准的统一创造了条件。卫星定位系统的出现在某种意义上已实现了全球几何定位基准的统一，而与地球重力位相联系的垂向定位基准的统一，则需要一个全波段厘米级精度的全球大地水准面模型，这是世界各国大地测量学术界共同努力的目标。

另外，测定和研究地球重力场，包括确定大地水准面模型，更重要的意义在于为相关地球学科（如地球物理学、大地构造学、地球动力学、地震学和海洋学）研究地球内部结构和动力学过程提供基础信息。重力场结构是地球质体密度分布的直接反映，重力测量数据是研究岩石圈及其深部构造和动力学的一种"样本"，精细的重力异常分布和大地水准面起伏对于当前岩石圈和地幔动力学研究中的一系列问题有着非常重要的作用。例如，大地水准面的频谱结构是长波占优（相对幅度大于 90%），反映地球深部或地幔的长波密度异常分布。许厚泽（2016）曾经研究计算上地幔内部密度异常引起的青藏地区大地水准面异常。大地水准面起伏的中、短波部分与岩石圈内部负荷及地形有很强的相关性；用卫星测高数据确定的高分辨率全球海洋大地水准面研究海底及其深部构造也取得了瞩目的成果，研究发现滤去长波分量的海洋大地水准面起伏与海底地形起伏有很好的相似性。海山、海沟、海岭（洋脊）和断层等海底地形和构造单元，在海洋大地水准面起伏图像上清晰可辨，由此发现了许多过去未知的海底大山和海底断层等（安德林，1991）。重力数据和大地水准面起伏还用于研究岩石圈的热演化模型、弹性厚度以及小尺度地幔对流等动力学问题。利用重力数据研究地球内部结构和动力学问题开展得相当广泛，但已有的研究表明，这些问题的研究一般要求数据分辨率优于 50km，重力异常应有毫伽量级的精度，对应短波大地水准面要有厘米级的精度水平，而长波则要求重力异常有更高的精度，要达到这些要求还要长期努力。

目前，卫星测高技术已经可以提供近厘米级精度的平均海面高数据。如果已知相应精度的海洋大地水准面，则可分离出海面地形并导出全球洋流模型，进而可以检验由海洋学原理和海洋观测数据导出的洋流模型。海洋大地水准面有助于研究海洋动力学问题，但要从平均海面高中严格分离出海面地形和海洋大地水准面，目前还需要进一步探索。

1.3　国内外确定大地水准面的进展和现状

确定地球重力场，理论上归结为求解相对一个正常重力场的扰动位，即求解大地测量边值问题；实用上在于确定全球扰动位和大地水准面模型，大地水准面至正常椭球面的高度是该面上扰动位的几何度量，度量因子为正常重力值。在此意义上，求解扰动位和确定大地水准面是一致的。近 20 年来大地测量边值问题的理论虽然有了很大的发展，但仍然是以 Molodensky 问题为中心展开的，其中包括：自由 Molodensky 边值问题；边值问题的非线性理论、非线性解和二次逼近理论；测高—重力混合边值问题；重力梯度边值问题；超定边值问题；等等。这些基础理论成果大部分在实用上仍然是以 Krarup 给出的线性化 Molodensky 问题边值条件为基础，大都采用 Molodensky 级数零阶项（Stokes 积分）加一阶项（顾及地形效应的 G_1 项积分）。包括我国在内的世界上许多国家采用此理论导出了似大地水准面，从而避开了地壳密度的不均匀以及正高不可测的难题。但是，似大地水准面无明显物理意义，将似大地水准面转换为大地水准面，通常采用以 Bouguer（布格）异常表达的一次近似公式，而在山区，则要考虑二次项，其中又重新包含了地壳密度、重力异常梯度等，而实用上目前还未顾及此项，这可能引起厘米级的误差。边值问题基础理论的另一重要进展是在重力场表达和分析中引入了随机过程概念和统计方法，提出和发展了重力场逼近的最小二乘配置法，并已在理论上完成了配置法与解析法多种等价性证明，实践中已得到比较广泛的应用。

20 世纪 90 年代以来，世界各国和各地区大地水准面的精化有了很大进展，分辨率和精度水平提高了一个数量级，它的巨大应用和科学价值是其迅速发展的推动力，21 世纪，大地测量工作者仍需不懈努力。下面以欧洲、美国、加拿大、澳大利亚和中国为例，简单介绍国家或地区的大地水准面精化发展概况。

欧洲地区大地水准面的计算始于 20 世纪 80 年代初，第一代欧洲重力大地水准面 EGG1 和 EAGG1 精度为几分米，分辨率约 20km，其中 EAGG1 比 EGG1 多了天文重力水准资料，精度略优。1990 年，IAG 大地水准面欧洲分委会制订并启动欧洲大地水准面计划，建立了包括 270 万个点重力值（海洋重力空白采用 ERS-1 重力异常值填补）和 7 亿个地形数据的数据库，其中地形数据被处理为 $7.5' \times 7.5'$ 格网数据。从 1994 年开始，欧洲先后推出 EGG94、EGG95、EGG96 和 EGG97 系列欧洲重力似大地水准面模型（欧洲采用正常高高程系统）。这些重力似大地水准面均按移去—恢复方法计算，参考场模型在 EGG94~EGG96 中采用 GEM-T_2、OSU91A 以及 OSU91A 与 JCM3 的联合，在 EGG97 中采用 EGM96 模型；短波分量采用残差地形模型（RTM）归算，地面重力数据分辨率优于 10km，残差重力异常用快速最小二乘推估法形成 $1.0' \times 1.5'$ 的格网数据。相应的残差高程异常采用 Wenzel 的最小二乘频谱组合法计算，由位系数和重力值的误差阶方差定义谱权，其中重力值的零阶方差取为 4mGal^2。所得重力似大地水准面与 GPS/水准确定的似大地水准面进行最小二乘配置法拟合，其中趋势项简单模拟为坐标原点平移量 Δx、Δy、Δz 对大地水准面高的影响。有学者认为长波误差主要来自参考重力场模型和重力数据的长波误差及其彼此间的不一致，因此用最小二乘配置法处理为宜。EGG97 用 $1.0' \times 1.5'$ 格网表示，分别与德国的 GPS 网 NDS92（300km）、法国的 GPS 网 RBF（1000km）以及横贯欧洲的 GPS 导线（3000km）进行比较，研究表明中、长波系统误差为 ±8.0cm，短波误差信号为 ±1.3cm（Denker et al.，1994，1996，2000）。

美国在 20 世纪 90 年代前期先后推出了 GEOID90、GEOID93 和分辨率为 3′×3′的 G9501 区域大地水准面模型，三个模型的计算方法基本相同。现行高程基准为 NAVD88，采用 Helmert 正高高程系统（Heiskanen et al.，1967）。Rapp 给出了由 OSU91A 位系数直接计算高程异常的公式，在 G9501 的计算中，首先按 Molodensky 级数计算高程异常，再转换为大地水准面高。地面重力值的归算采用顾及局部地形改正的 Bouguer 改正，应用一种"张力连续样条"方法内插形成 3′×3′的 Bouguer 异常格网值，然后对这一格网值利用格网平均方法恢复移去的 Bouguer 片，形成 Faye（法耶）异常格网值。其值近似于地形面重力异常加 G_1 项改正，由 Faye 异常值中移去 OSU91A 的模型重力异常，并对残差重力异常按莫洛金斯基级数零阶项公式（Stokes 公式）求解，从而得到残差高程异常。接着再恢复 OSU91A 模型高程异常得到最后解，最后再利用简单 Bouguer 改正，将高程异常转换为大地水准面高。计算 G9501 采用了 180 万点重力数据，其中包括 DMA（美国国防制图局）采集和收集的数据，海洋空白区用 OSU91A 模型重力值填充，标称精度为 1mGal；DTM 来自由 1∶250000 地形图产生的 30″×30″点地形数据库（TOPO30），一般地区精度为 30m，山区为 50m。OSU91A 模型大地水准面误差在美国陆地为±38cm，在海洋为±26cm。G9501 与美国的 GPS 联邦基准网（FBN）和各州建立的合作基准网（CBN）的 GPS/水准大地水准面作了比较和拟合。美国 GPS 基准网属于北美坐标系 NAD83，这个坐标系与当时的 ITRF93（1995.0）GRS80 椭球不一致，进而产生椭球高差达 −1.64～−0.28m，平均倾斜率约为 $3×10^{-7}$；而 NAVD88 基准被验证在全球大地水准面（$W=W_o=U_o$）之下 72cm；G9501 与 GPS/水准大地水准面的平均偏差为−32.8cm，倾斜率为 $3.6×10^{-7}$（方位角为 322°），差值的均方差为±24.8cm。其中−32.8cm 的平均偏差大致是 GPS 椭球高平均偏差（约 −100cm）与 NAVD88 基准偏差（−72cm）之差。消去这一系统偏差后的 G9501 与 GPS/水准大地水准面之差的经验协方差函数具有 $L=500$km 的相关长度和 $C_o=0.185$m^2 的方差，用此残差由 30′×30′格网按最小二乘配置

法推估残余误差信号，其中经迭代确定了观测值的噪声方差为 $6.5cm^2$，对 G9501 进行改正得到一个校正大地水准面模型 G9501C。对该模型的残差再拟合出一个经验协方差函数，可得相关长度为 $L=40km$、$C_o=0.026m^2$，表明了两个不同波段的误差源，一个约 500km 的长波误差源，一个约 40km 的短波误差源，G9501C 精度为 $\pm2.6cm$，它不是一个"地心"大地水准面，其重要意义在于将 NAD83 的垂直基准和 NAVD88 基准建立联系，使之可用于美国 GPS 正高的测定。20 世纪 90 年代中后期美国对精化其局部大地水准面作了进一步努力，主要是大力扩展 GPS/水准网，提高其分辨率和精度。在 G9501C 的基础上，接着推出了 GEOID96 $2'\times2'$ 模型和重力大地水准面 G96SSS，采用的 GPS/水准点增加到 2951 个。GEOID96 比 G9501C 分辨率有所提高，但精度相近，比后者略有改进，利用该模型由 GPS 椭球高确定正高的精度为 $\pm5.5cm$。GEOID99 比 GEOID96 有较大改善，分辨率提高到了 $1'\times1'$；计算的重力大地水准面模型 G99SSS 覆盖面积向周边地区扩大，采用的重力数据增加到 260 万个；DTM 也有改进，采用了新的 $1''\times1''$ DTM 和 NGSDEM99；确定 GEOID99 使用的 GPS/水准网点大幅增加，达 6195 点，对大部分旧的 GPS 点进行了重测，GPS 椭球高的精度达到 $\pm1cm$；计算方法上也相应采取了一些严密化措施，包括采用新的格网化椭球改正（GEOID96 未作椭球改正），为顾及子午线收敛影响采用多纬度带格网计算地形改正，同时采用最新的 GM 和 W。值确定重力异常和大地水准面的零阶项 Δg_0 和 N_0 等。GEOID99 的精度为 $\pm(2.0\sim2.5)cm$，由 GPS 椭球高转换为正高的绝对精度为 $\pm4.6cm$，任意距离两点高差的精度为 $\pm2.0cm$。目前，美国最新公布的重力大地水准面为 USGG2012，它是基于地面重力数据、DNSC08 测高重力数据（Danish National Space Center）和高分辨率的 SRTM3 地形数据（Shuttle Radar Topography Mission）共同建立起来的。大地水准面的整体精度约为 $\pm3cm$，其中西部山区的精度为 $\pm(5\sim8)cm$，平原地区的精度优于 $\pm2cm$，分辨率达到了 $1'\times1'$。另外，为了达到 $\pm(1\sim2)cm$ 的高精度大地水准面的目标，进而取代现有的国家高程基准 NAVD88，美国国家大地测量局(National Geodetic Survey，NGS)于 2007 年启动了美国垂直基准重新定义计划(Gravity for the Redefinition of the American Vertical Datum，GRAV-D)，并在全美陆续展开航空重力测量任务。目前东部多数地区的飞行任务已经完成，而西部地区只有加州附近的局部区域可以获取数据，NGS 预处理后的航空重力数据精度为±(2~3)mGal。

加拿大大地水准面模型 GSD95 的计算使用的参考位模型也是 OSU91A，包括陆地和海洋重力数据共 150 万个。海洋上的重力测量空白区用卫星测高重力值补充，形成 5′×5′重力异常格网值。加拿大与美国采用同一正高高程基准 NAVD88，直接计算大地水准面高，数据归算过程首先是移去大地水准面外部全部地形质量(满足 Stokes 理论要求)，地形质量的恢复采用 Helmert(赫尔默特)的第二质量凝聚法，将移去的质量压缩到大地水准面上形成一薄层，由此得到大地水准面上的所谓 Helmert 重力异常 Δg^H，其值为地面点重力值加完全 Bouguer 改正、凝聚重力改正(两改正数符号相反)以及空间改正，再减去对应椭球面上的正常重力值，将位模型重力异常值从 Δg^H 中移去，用最小二乘配置法将所得残差重力异常点值格网化，再按 Stokes 积分求解相应残差大地水准面高，积分区域为有限的数据覆盖域，适当确定积分半径使截断误差可略去，最后的大地水准面高为位模型大地水准面高与残差大地水准面高的和，再加地形移去和凝聚恢复产生的间接影响。GSD95 模型与包括加拿大 GPS 基本网在内的 10 个网的 746 个 GPS/水准点进行了比较，不符值的标准差为±(7~40)cm，平均偏差为-1.47~-0.30m。其东部和西部不符值差别较大，加拿大西部太平洋平均海面高于东部大西洋平均海面 88cm，如前所述，这一偏差是 NAVD88 基准不在大地水准面上的缘故。利用四参数法将 GSD95 和 GPS/水准大地水准面拟合后，经分析表明 GSD95 在几十千米距离上具有±(5~10)cm 的精度。加拿大采用与美国相同的高程基准(NAVD88)，先后研制了 GSD91、GSD95、CGG2010 大地水准面模型。CGG2010 模型的构建过程融合了 GOCO01S 和 EGM2008 模型的中低阶重力场信息，中、长波部分的精度得到了显著提高，模型的分辨率达到了 2′×2′，精度为±(2~10)cm。加拿大最新推出的重力大地水准面模型为 CGG2013，消除系统误差后，其精度为±7.3cm，并基于此构建了新一代的大地水准面高程基准 CGVD2013。

澳大利亚也致力于发展本国的高精度重力大地水准面模型，如 AUS-Geoid93、AUSGeoid98、AUSGeoid09 系列。AUSGeoid09 模型在建立过程中利用了高阶次的 EGM2008 地球重力场模型信息，因此实际观测数据对于大地水准面的贡献非常小。AUSGeoid09 模型的分辨率为 1′×1′，GPS/水准拟合后的精度为±3cm。

我国似大地水准面的确定经历了近半个世纪的发展过程，从 20 世纪 50 年代到 70 年代进行了全国一、二等天文重力水准的测量，建立了我国 1954 北京坐标系的第一代似大地水准面 CLQG60(Chinese Local Quasi Geoid 1960)，总体分辨率为 200~500km，精度为 2~4m，满足了当时建立国家天文大地网地面观测数据归算到参考椭球面对似大地水准面高和垂线偏差数据的需要。1928 年 4 月在西安召开的全国天文大地网平差会议上，我国又将这一似大地水准面转换到新建立的 1980 西安大地坐标系。在此期间，围绕这一任务的完成，开展了相关的理论和实际计算技术的研究，创造了一些有效的模板计算方法，为以后进一步精化我国地球重力场，发展新一代似大地水准面奠定了技术基础。

20 世纪 70 年代，在国家"六五"和"七五"计划期间，我国有关单位(如西安测绘研究所、原武汉测绘科技大学、中国科学院测量与地球物理研究所等)利用我国实测重力数据和全球 1°×1°平均重力异常数据，分别研制了适用于我国的全球重力场模型，其中由原武汉测绘科技大学研制的 WDM89(180 阶)模型得到了分辨率为 100km 的模型大地水准面，分辨率和精度比 CLQG60 都有一定的改善。20 世纪 90 年代初在国家测绘局"八五"攻关重点项目支持下，利用包括我国重力数据在内的全球 30′×30′平均空间重力异常，研制成 WDM94(360 阶)全球重力场模型。相应的模型大地水准面的精度，在中国区域略优于当时公布的最好的美国 OSU91(A)模型。

同时利用全国约 22 万个重力点值（其中包括地球物理勘测部门提供的约 6 万个重力数据），以及 30″×30″DTM 和 WDM94 模型，计算了一个 5′×5′中国大地水准面模型 WZD94，其中重力归算采用了 Airy-Heiskanen 地形均衡归算系统，用 Shepard 曲面拟合方法内插形成 2.5′×2.5′均衡异常格网值，再用 30″×30″DTM 数据将此格网值恢复为相同格网的平均空间异常，由取平均方法形成用于大地水准面计算的 5′×5′格网平均空间异常。分别按 Stokes 公式和 Molodensky 级数解算，用一维 FFT 技术计算了大地水准面和似大地水准面格网值，整个计算采用 GRS80 系统基本参数。计算结果的精度检验和分析表明：东部地区（E108°以东）5′×5′平均空间重力异常的精度为±14mGal，30′×30′平均空间重力异常的精度为±0.39mGal；西部地区（E108°以西）对应格网值的精度分别为±36mGal 和±1.1mGal。重力大地水准面和似大地水准面的精度与 7 个地区的 GPS/水准网作了相对精度的比较，大地水准面高的高差差值平均标准差为±0.20m，设网点平均距离为 10km，相对精度为 $2×10^{-5}$。这里要指出的是，由于我国重力值的分布很不均匀，这一期间收集到的重力数据不够完善，所计算的重力大地水准面的实际分辨率在许多地区远低于 5′×5′（10km）。另外对 19 个多普勒点进行绝对精度的比较，差值的平均标准差为±1.5m，其中主要为多普勒点的椭球高误差，估计为±0.5m。WZD94 重力大地水准面仅是一个试验性的研究成果。

这一期间的研究工作主要是利用现有重力测量数据，按 Stokes 公式和 Molodensky 公式计算区域性绝对大地水准面，这仍然是国内外普遍采用的方法。我国跟踪了国外同类研究的先进水平，广泛应用了移去恢复技术和快速 FFT 计算技术，充分利用了高分辨率的地形数据和全球重力场模型，通过重力场的平滑内插，弥补了一些地区重力数据的稀疏和空白，在一定程度上改善了重力数据的分辨率，起到了精化大地水准面的作用，这些都是现代确定大地水准面的基本技术。通过这一阶段的研究工作，在理论研究水平上有所提高，改进和发展了一些计算技术，积累了较丰富的计算经验，为研究和确定我国新一代似大地水准面 CQG2000 打下了很好的技术基础。2011 年，基于 Stokes-Helmert 移去—恢复理论，我国建立了新一代的大地水准面模型 CNGG2011（李建成，2012），该模型的整体精度为 ±0.126m，东部地区精度为±0.062m，西部地区为±0.138m。

1.4　大地水准面计算方法发展概况

确定大地水准面有两种方法，一种是直接方法，另一种是间接方法。直接方法是根据一种几何关系直接测定两点之间大地水准面高程差或一点的大地水准面相对参考椭球面的高程。例如，用天文水准、天文重力水准或 GPS/水准确定大地水准面的方法。间接方法是将一种或多种重力数据作为边值，建立关于扰动位的相应重力（大地测量）边值问题，通过求解边值问题确定扰动位函数，再由 Bruns（布隆斯）公式转换为大地水准面高程，例如利用重力异常数据按 Stokes 公式计算大地水准面高。有时为了区别，我们把用重力数据通过解算边值问题确定的大地水准面称为重力大地水准面。这种大地水准面高程一般都相对于全球地心大地坐标系中的平均地球椭球面，理论上可称为"绝对"大地水准面。用直接方法确定的大地水准面可以是相对某一区域参考椭球面的"相对"大地水准面，也可以是"绝对"大地水准面。用 GPS/水准确定的大地水准面为"GPS 大地水准面"。但大地水准面的定义在理论上只有一个，是唯一的，不因确定的方法不同而产生不同的定义。

确定重力大地水准面最经典的方法是 Stokes 方法，即用重力异常作为边值数据，按 Stokes 积分公式计算大地水准面高 N。这个积分公式是一个全球面域的积分，理论上要求已知全球分布的重力异常数据，这一点与重力测量分布的实际状况相去甚远，特别是在卫星重力探测技术尚未出现之前，不仅广大海洋地区基本上是重力测量空白区，全球陆地也还有许多地区至今还没有重力测量数据。在经典地面几何大地测量时代，大地测量学家主要关心的是区域性相对大地水准面的确定，主要是用于建立区域性大地坐标系，采用天文水准或天文重力水准方法直接测定相对大地水准面。其中重力数据只是用于内插天文大地垂线偏差，即用内插区小范围重力异常数据，由 Vening Meinesz 公式计算重力垂线偏差，不考虑计算区域以外的重力异常，两类垂线偏差之差包含外区重力数据和区域椭球面与平均椭球面之差的综合影响。这种插值是平滑函数，适于进行内插。由内插点上计算的重力垂线偏差加上内插得到的两类垂线偏差的差值改正，得到内插点的天文大地垂线偏差，用于计算两点之间大地水准面的高差，重力数据在此只起了一种辅助作用。这期间，在物理大地测量中，也注意研究用 Stokes 方法计算局部大地水准面的理论和方法，但实际应用研究却不多。

20 世纪 60 年代后开始进入卫星大地测量时代，要求建立高精度的全球地心大地坐标系和全球重力位模型，其中就包含着确定全球大地水准面。卫星大地测量推动了卫星重力探测理论和技术的发展，20 世纪 60～70 年代，利用对卫星轨道摄动跟踪观测数据，联合地面低分辨率格网平均重力异常数据，低谐($n<50$)全球重力位模型发展很快，并达到了比较高的精度，相应长波大地水准面接近或达到了分米级精度水平。这一发展带动了确定区域大地水准面的研究，在致力于研究建立全球重力场模型的同时，确定区域重力大地水准面的问题开始引起物理大地测量学家浓厚的兴趣，他们看到了一度制约利用 Stokes 公式计算区域局部大地水准面的"远区影响"问题有了解决的途径，即用高精度的低阶位系数来表达远区的积分，发展了截断理论，出现了许多有影响且不同形式的截断公式，例如 Molodensky 截断公式、Meissel 截断公式等。截断理论的基本思想是：以计算点为中心，把全球积分分为内区和外区两部分，内区为给定积分半径的球冠域，用球冠域中的重力异常数据按 Stokes 公式计算大地水准面高的主值；外区则用 Stokes 级数或者扰动位的球谐展开式表示，采用已知的位模

型系数计算外区对计算点大地水准面高程的贡献，并导出相应的截断公式，或称截断函数。该公式理论上是一个无限项级数之和，级数的系数称为截断系数。根据这一基本思想，围绕着采用的有限项截断级数的收敛速度，逼近 Stokes 核函数的程度，截断残差的大小等，发展出了许多不同的截断方法对核函数不同形式的改化和相应的截断公式，这一研究一直持续到 20 世纪 80 年代初。

在此期间，出现了两种重力场逼近的新理论和新方法。一是 Krarup 和 Moritz 等创建发展的最小二乘配置法。该方法首次把统计理论和分析方法引入物理大地测量学，用类似经典最小二乘平差的统计模型逼近估计重力场参数。二是 Bjerhammar 提出的"虚拟球法"。它是将自由边界面的边值问题从理论上严格转换成固定的球面边值问题，从而将经典的自由边值问题转化成固定边值问题，这一理论不需要地壳密度假设。

最小二乘配置法一度得到了广泛深入的研究，也在重力场通径中得到实际应用。这一理论的基本观点是把扰动重力场视为一随机信号场，并假定是一平稳随机过程，即该随机场是均匀和各向同性的，协方差函数是两点间距离的单值函数，与点位无关。实际的地球重力场存在某些区域和局部趋势性（规则性），通过重力归算方法，例如地形均衡归算，可以排除这种趋势性，得到一种到处都呈随机性的重力异常场。地球重力场只有一个，但可以把它想象为无数虚拟"样本地球重力场"中的一个（Moritz，1980），我们有一个确定的重力异常全球分布的样本函数，是这个随机过程的一个实现。有这个函数的采样值，可用于分析过程的数字特征、均值、方差、自协方差、不同异常场参数的互协方差、功率谱等，可以据此对场信号作统计估计和预测，即完全根据同类信号（参数）和不同类信号（参数）之间的统计相依关系，利用采样值（观测值）去推估预测非采样点的同类或不同类信号。例如，由观测点重力异常推估内插非观测点的重力异常，由重力异常数据推估大地水准面高、垂线偏差等。在文献（Moritz，1980）中，作者系统地研究了最小二乘配置法的基础理论，论述了统计在配置中的意义，指出引进随机过程的根本原因在于利用相应的数学工具和统计术语。不管人们是否承认重力异常是随机现象，配置法都将其看成"没有随机性的统计学"，就像在给定时间内进行全球人口的统计分析一样，可以计算各种统计特征，对未来人口状况作出统计预测。在配置法中作一些理想化的假设，主要是因其随机性特征（如协方差）与位置和方向无关，是均匀和各向同性的。这一假设简化了计算模型，但现实重力异常场不一定完全符合这一假设，一些地区可能存在非均匀和各向异性的情况。目前也有学者在研究放弃各向同性假设的配置法模型。但是，"严密"的解析方法也包含一些理想化的假设前提，如刚体地球模型，重力场不随时间变化，常密度，球近似等。再者，已有不少研究证明配置法与解析法是相通或等价的，各自用不同的方法（工具）从不同侧面去描述同一个地球重力场。由于组成高阶协方差矩阵和求逆计算量浩大，这一缺陷限制了配置法的普遍应用，已出现一种协方差矩阵求逆的快速谱算法，有望改变这一状况，配置法可联合多种类型数据并能提供结果的精度估计等，因此这一统计方法还蕴藏着良好的发展前景。目前对大范围重力场的确定多数还是采用解析法，配置法在小范围重力场计算中应用较多。

　　Bjerhammar 方法最初的思想来自 Molodensky，1949 年曾考虑采用向下解析延拓方法，但做了独特的发展，即用一个地球内的虚拟球代替海水面（大地水准面），但不是"球近似"，而是地面边值到球面的严格转换。这个方法现在从本质上来理解可归结为"解析延拓解"（Moritz，1980），其理论基础有两点：第一点，地面上的重力异常可以解析向下延拓到一个给定的面上，至少可以"形式"上实现这种延拓，最简单的方法是采用 Taylor 级数展开，同时又可保证将延拓后的重力异常数据再向上延拓到地面，并精确恢复原地面上的重力异常。这一解析延拓解的存在及其恢复外部重力场的等价性由 Rung-Krarup 定理确认。第二点，它是基于 Stokes 正定理，即如果已知一个水准面的形状及这个面上的位，则这个面的外部引力场就唯一确定，这也是第一边值问题的 Dirichlet 原理。要着重指出的是，从地面向下延拓到球面的重力异常是虚拟的，不是真实的重力异常，原因是地面到球面之间有物质(地壳)存在，内部位不是调和函数，从物理上说，这种向下延拓通常是不可能的，这里纯粹是形式上的数学延拓。但也正是这一点使该方法逃避了地壳密度假设，和 Molodensky 方法有异曲同工之妙。对这个方法的理解，可以从研究 Molodensky 级数零阶项和一阶项的几何解释得到启发，Moritz 将 G_1 巧妙地分成两项，$G_1 = G_{11} + G_{12}$，证明了 G_{11} 正好是将地面重力异常延拓到海水面的空间改正，而 G_{12} 的 Stokes 积分(用 ζ_{12} 表示)又相当于从海水面"回到"地面的高程异常改正，这就是说把 Molodensky 级数零阶项和一阶项合并后的 Stokes 积分，可解释为先将地面重力异常形式延拓到海水面，用 Stokes 积分求得海水面的高程异常，再将结果向上延拓到地面，由此 Moritz 总结出他的"解析延拓解"，大地水准面只是一个特殊等位面，他又把这个思想推广延拓至计算点的"点水准面"，同样可以用相同的方法求解高程异常。Bjerhammar 发展了这一方法，他引入虚拟球面，保持了在球面上计算 Stokes 积分的简单性，同时避开了 Molodensky 理论要处理复杂地形表面(或似地形面)的麻烦，也避开了密度假设而直接确定大地水准面。这个方法在实用上的不足，是由地面重力异常求解虚拟球面重力异常需要迭代，同时由于向下延拓总是欠适定的，对地面重力数据误差有放大作用，因此这一方法在实践中暂时还未得到应用。20 世纪 80 年代初，许厚泽和朱灼文(1984)又将这一理论发展为虚拟单层密度法，得到了与 Bjerhammar 方法等价但数学结构更简单的结果。Bjerhammar(1987)进一步将他的理论发展为在一个虚拟球上，以几个有限重力异常"脉冲"求解外部重力场的确定性离散方法，给出了简洁易算的封闭公式。此后又出现了与此类似具有计算简单而实用特点的点质量法和 Meissel 提出的多极子模型。这一类所谓"虚拟质量"法，尽管数学结构可能千差万别，但都建立在一种"等效原理"的基础上，即一确定场源对应唯一确定位场，而同一位场可产生于无穷多个不同的场源。由于 Newton 逆算子的不唯一，允许构造适当的等效场源或等效边界值，使产生(通过 Newton 正算子)等效位函数任意逼近地球外部真实位函数。地面场元和等效面场元之间的转换关系常表示成一个积分方程或简单线性方程，这些方程的解算所涉及的迭代过程或矩阵求逆常受到边界面和边界值"粗糙化"或奇异性影响，使解算的数值过程失稳，这是客观存在和难以抑制的。影响的大小取决于问题的数学性质，如积分方程的核函数、场量延拓算子和矩阵的谱结构等的正则性程度。以 Bjerhammar 方法为代表的整个这一类"虚拟质量"法，求解等效场元都包含一种"逆"过程，例如求等效异常和等效单层密度积分方程的迭代解，解点质量的矩阵求逆等，这是这类方法在数学结构上的"先天性"共同弱点。逆过程要求良好的稳定性，这一点至今还缺乏充分有效的研究。

卫星重力技术的发展使重力场观测数据的类型趋于多样化，人们开始注意寻求能容纳多种类型边值数据的解析算法，或介于解析法与统计法之间的方法。例如，由卫星测高数据可以导出海洋大地水准面高、重力异常和垂线偏差，还有卫星重力梯度或航空重力梯度数据等。这个问题理论上可归结为多边值的超定边值问题，如同有多余观测的平差问题，超定边值问题是不适定的。由于观测值含有误差（即使没有误差也一样），类似于矛盾方程，理论上不存在解，需要设计一种正则化准则寻求某种意义上的最优估计解，相当于边值问题在函数空间的平差问题，这方面已有不少理论研究成果和实用解算模型（Rummel，1984；Sanso，1985；Sacerdote et al.，1989；Kuelley et al.，1990，1991，1994；朱灼文等，1992）。这类解算模型中影响较大的是 Wenzel 提出的最小二乘谱组合法（Wenzel，1982）。这一方法虽然不是直接从解算超定边值问题出发推导得出的，但实质上是处理超定边值问题的一种"最小二乘平差法"。其基本思想是：从扰动位 T 的球谐展开式出发，将 T 按阶作谱分解：

$$T = \sum_{n=2}^{\infty} T_n \qquad (1-1)$$

式（1-1）中，T_n 为 T 的 n 阶谱分量。重力场任何场元（参数）f，例如重力异常 Δg，扰动重力 δg，大地水准面高 N，垂线偏差 ξ 和 η 等，都是 T

的泛函，即都可以对 T 施以相应的运算得到 $f=BT$，其中 B 是算子，对边值问题，这就是边值条件，f 也可作谱分解：

$$f = \sum_{n=2}^{\infty} BT_n = \sum_{n=2}^{\infty} f_n \tag{1-2}$$

当 B 是可逆算子，则有 $T_n = B^{-1} f_n$；当 f 是一种全球分布的某一类已知重力数据，可通过谱分析方法确定其谱分量 $f_n (n = 2, 3, \cdots)$，由此可求得 T 的一种"观测"谱分量 $T_n^f (n = 2, 3, \cdots)$。B 通常是一种含微分运算的算子，则 B^{-1} 通常是带积分的算子，且由于 T 在函数空间的谱展开的基函数(球函数)是一个完备正交系，B^{-1} 很容易由正交关系得出。如果有多类数据 $f_i (i = 1, 2, \cdots)$，则可求得相应的谱分量 $T_n^{f_i} (n = 2, 3, \cdots; i = 1, 2, \cdots)$。剩下的问题是把 $L_i = T_n^{f_i}$ 看成一种谐分量的"观测值"系列，可采用通常的最小二乘平差法求解最优估计：

$$\widehat{T} = \sum_{n=2}^{\infty} \widehat{T}_n = \sum_{n=2}^{\infty} P_n^T T_n^f \tag{1-3}$$

式(1-3)中，P_n^T 为第 n 阶谱权函数向量，T_n^f 为 n 阶谱分量向量，P_n^T 是对 T_n^f 的一种最优估计算子，其具体形式取决于平差方法，也取决于 f 的误差方差和误差协方差(函数)的确定及其谱表达式。最小二乘谱组合法是解析法和统计法的一种综合性方法，该方法是从重力场场元之间解析关系(函数模型)出发(这一点与纯配置方法略有区别)，又充分利用了观测值的误差信息，并用统计法(最小二乘平差法)求解参数的最优统计估计，并可对解算结果作精度估计(这一点与配置法类似)。这一方法在计算中避免了大规模协方差矩阵的求逆，其中涉及的误差协方差矩阵的阶数为应用的重力数据的类型数，按目前可获得的重力数据类型，协方差矩阵最大阶数大致不会超过 6 阶，这一点比最小二乘配置法更具实用意义，欧洲最新一代大地水准面 EGG97 就是采用这一方法。该方法另一个值得注意的特点是，它既可用于全球重力场的确定，也可用于局部重力场的确定；同时，它是在谱域内求解，不是在空域内求解，不同类型的数据并不要求覆盖同一地区，因此这一方法也可用于处理陆海大地水准面的拼接问题。

在局部重力场通径中还有另一类"组合型方法"，这种方法试图综合应用积分法、球谐展开和配置法的优点，克服各自的缺点。Lachapelle（1989）提出一种典型的组合方法，利用全球位模型确定局部重力场的中、长波分量，在内区对残差场求最小二乘配置解，在外区采用 Stokes 积分。类似的方法还有用位模型确定长波，用一个平均高程曲面的残差地形模型（RTM）确定地形噪声产生的短波分量（Forsberg et al.，1981），再用 Stokes 公式对两者的残差场确定中波分量。Molodensky 的截断法实际上也是积分法和球谐展开的一种组合法。组合法是一种灵活而又有普遍意义的局部重力场逼近方法，随着高阶全球重力位模型的迅速发展，高分辨率的数字地形模型（DTM）的易于获得，组合法演变为移去—恢复法。

以上简单回顾了近 30 年确定大地水准面影响较大和比较流行的几种方法，但在实际应用中多数还是采用解析法，或与简单最小二乘平差法结合，特别是对较大范围地区，如欧洲地区、北美地区或某个国家。在一些范围小的特殊地区，如地中海、波罗的海地区，也采用最小二乘配置法。在解析法中大多采用 Stokes 积分，也有个别采用点质量法的，如芬兰。不管采用何种方法，若用传统的数字计算法，其计算量都非常大，以至于普通的微机难以胜任。例如，采用通常的数值积分法计算 Stokes 公式和地形改正，当数据格网小，如 $2' \times 2'$ 甚至 $0.5' \times 0.5'$ 时，则需耗费大量机时。积分法之所以是目前优先考虑的方法应归功于快速 Fourier 变换（FFT）算法的发明和应用，它比传统算法的计算速度提高了几个数量级。1965 年，Clley 和 Tukey 提出了 Fourier 变换的快速算法，最初用于有效处理迅速增长的各类通信信息，其应用很快扩展到一切涉及频谱分析的科技领域。尽管重力位的球谐展开实质上也是一种 Fourier 变换过程，和二维 Fourier 级数密切相关，但 FFT 在重力场通径中的应用几乎滞后了 20 年。滞后的原因，一方面在于 FFT 通常用于欧氏平面上的数据处理，球面与平面拓扑结构的差别妨碍了 FFT 的直接应用，掩盖了这一技术在求解重力场中的应用潜力；

另一方面在于没有足够的重力和地形数据促使我们去关心发展一种 FFT 这样的高效重力场计算方法。事实上，这一方法直到 20 世纪 80 年代中期才真正引起注意并被深入研究。经过近 20 年的发展，FFT 技术已广泛应用于物理大地测量计算，K. R. Schwarz、M. G. Sideris 和 R. Forsberg(1990)曾联名发表了一篇系统总结和评述 FFT 技术在物理大地测量各种计算问题中应用的文章，给出了 Fourier 变换的基础理论和基本公式及计算重力场的各类谱算法公式，特别是导出了 FFT 用于最小二乘配置解的计算公式(要求规则格网数据)，为最小二乘配置法的实用化展现了良好前景。FFT 技术的引入，是 20 世纪重力场计算方法的重大突破，使计算技术及时跟上了重力场观测技术的发展，适应了大规模数据处理对快速计算的要求，使在更高的分辨率水平上描述重力场精细结构成为可能。以 FFT 为核心的重力场谱算法，其价值不仅在于算法上提高了计算效率，也拓展了我们对重力场认识的深度和广度。我们现在不仅能从重力场参数的空间分布特性了解重力场，更能从其全频谱结构和特性这一更深的层次上认识重力场，这就更有利于对重力场数据进行地球物理解释，重力场短波信息可用于解释地壳结构，中波信息可解释岩石圈和上地幔及全球性大地构造，长波信息则反映地幔和核幔边界具有全球尺度的质量异常分布。

重力场的基本积分公式，包括协方差函数都可以化成卷积形式，或至少可以近似地化为卷积形式，找到了运用卷积定理实施 FFT 的算法。以 Stokes 积分为例，其中 Stokes 函数 $S(\psi)$ 的自变量，即计算点 $P(\varphi_p, \lambda_p)$ 与流动点 $Q(\varphi, \lambda)$ 之间的球面角距 ψ[或 $\sin(\psi/2)$]，应用球面三角公式可将 Stokes 函数近似化成"纯"纬差 $(\varphi-\varphi_p)$ 和经差 $(\lambda-\lambda_p)$ 的函数，与重力异常 $\Delta g(\varphi, \lambda)$ 乘积的球面积分就是卷积形式，利用时域(在物理大地测量情况下时域相当于空域，时间变量对应距离变量)卷积定理，即两时程函数卷积的 Fourier 变换等于每个函数 Fourier 变换的普通乘积，这样只需对 $\Delta g(\varphi, \lambda)$ 和 $S(\varphi, \lambda)$ 分别作 Fourier 变换，再相乘，并对乘积函数作 Fourier 逆变换即可求得大地水准面高 $N(\varphi_p, \lambda_p)$。这样就把比较复杂的卷积运算通过

Fourier 变换转化为简单的乘法计算，如同初等数学中的乘法和除法运算通过对数化成加法和减法计算。但根据离散 Fourier 变换的定义，对于 N 个规则格网数据，完成变换需要作 N^2 次单元运算（包括一次复数乘法和一次复数加法），应用 FFT 算法只需要 $N\log_2 N$ 次运算。例如 $N = 1024 = 2^{10}$，直接计算离散 Fourier 变换需要 $N^2 = 1048576$ 次单元运算，而 FFT 算法只需要 $N\log_2 N = 10240$ 次运算，运算速度提高了 102 倍，N 越大，计算速度相差的量级越大。

应用 FFT 最初的难题是如何解决球面和平面的"矛盾"。早期的计算将以计算点为中心的球冠用计算点的切平面近似，把球面坐标（差）变换为平面直角坐标，且只取 Stokes 函数的主项。这样处理虽然在足够大的范围内产生的误差实用上可忽略（例如只要求米级精度），例如取计算半径为 15°时，引起的误差小于 1%，但在理论上仍是一个弱点，当计算精度要求分米级甚至厘米级时，就需要考虑这种平面近似误差的影响。Strang 等（1990）将 $S(\psi)$ 中的 $s = \sin(\psi/2)$ 利用三角公式近似化为

$$s \approx S_\psi = S_\psi(\cos^2\varphi_m, \ \varphi_p, \ -\varphi, \ \lambda_p - \lambda) \tag{1-4}$$

形式的函数，其中在三角展开式中取 $\cos\varphi_p$，$\cos\varphi \approx \cos^2\varphi_m$，$\varphi_m$ 是测区的平均纬度，在这种近似条件下将 Stokes 积分化为球坐标形式的卷积，称为球面卷积。我们对球面卷积作了研究，将 $S(\psi)$ 中的球面量直接化为坐标差，即取

$$\sin(\psi/2) = \left[(x_p - x)^2 + (y_p - y)^2\right]^{\frac{1}{2}} / 2R \tag{1-5}$$

以及

$$d\sigma = \frac{dxdy}{R^2} \tag{1-6}$$

并顾及 $S(\psi)$ 的所有项，得到了用平面坐标表示的更严密的球面卷积公式，有时又称更严密的平面卷积公式。计算表明应用该公式比 Strang 的近似球面卷积公式的精度有显著改善。

这一改进方法的实质在于将单位球面上以角量球面纬度 φ 和经度

$\lambda[\psi=\psi(\varphi_p, \varphi, \lambda_p, \lambda)]$ 为积分变量的球面积分，变换为地球球面（半径为地球平均半径 R）上以对应线量子午线弧长 x 和平行圈弧长 $y[R \cdot \psi=l=l(x_p, x, y_p, y)]$ 为积分变量的球面积分。这一变换是通过对 Stokes 函数的变量 $\sin(\psi/2)$ 的角量表达式转换为线量表达式来实现的，即：

$$\sin(\psi/2)=s=s_\psi(\varphi_p, \varphi, \lambda_p, \lambda)=s_l(x_p, x, y_p, y) \qquad (1-7)$$

目前广泛应用的 Stokes 公式的二维球面卷积形式是由函数 s_ψ 导出的。s 的线量精确表达式为：

$$s=\sin(\psi/2)=\frac{l_0}{2R} \qquad (1-8)$$

式(1-8)中，l_0 为计算点到流动点的弦长，要导出严密的 s_l，必须给出函数 $l_0=l_0(x_p, x, y_p, y)$ 的严密公式。利用球面几何关系可以导出函数 l_0，但形式比 s_ψ 复杂得多且不便应用，为此将球面弧长 x，y 视为平面上的直线且互相正交，则：

$$l_0 \approx \frac{[(x_p, x)\times2+(y_p, y_2)]\times1}{2}=l_0' \qquad (1-9)$$

利用简单的平面几何关系（不是球面几何关系）处理 s_l，即 Stokes 函数的平面近似。$l_0' \neq l_0$ 则 $s'=l_0'/2R \neq s=l_0/2R$。经理论分析和计算，我们估计了由于 s' 与 s 的差别产生的用 Stokes 公式计算大地水准面高的误差 δN。设积分球冠半径为 $1°$，重力异常平均值为 100mGal，由 $5'\times5'$ 格网计算中国地区（15°N~50°N）大地水准面高，$\varepsilon_{s'-s}=s'-s$ 最大值为 3.2×10^{-5}，由此产生 Stokes 函数 $s(\psi)$ 的误差为 3.1×10^{-3}，相应的误差 $\delta N=0.023$cm；当积分球冠半径为 $0.5°$，在同样假设条件下，$\varepsilon_{s'-s}$ 最大值为 7.9×10^{-6}，$s(\psi)$ 的误差为 0.17，$\delta N=0.32$cm。由于这一平面近似误差的影响很小，可以忽略不计，因此在实用上，我们把由此导出的这一改进的 Stokes 积分公式称为"严密"的平面卷积公式。其严密性主要在于顾及了 Stokes 函数的所有项，传统的 Stokes 平面近似卷积公式仅取 Stokes 函数的首项 $1/s$。以 $1°$ 球冠为例，此时 $s=1.0\times10^{-2}-1.2\times10^{-2}$，略去的 Stokes 函数余项平均为 +9.3，约占全项的 1/10，设计算区的残差重力异常均方值为 ±10mGal，计算 5′×5′ 格网大地水准面高将产生 6.8cm 的误差，这一误差与重力异常的均方值成正比；在 0.5° 球冠情况下，$s = 5.2 \times 10^{-3} - 6.1 \times 10^{-3}$，略去的余项平均为 +11.4，约占全项的 1/16，同样假定计算区残差重力异常均方值为 ±10mCal，则计算的大地水准面高将产生 ±2.1cm 误差。当要求大地水准面的精度为分米级时，显然简单的 Stokes 平面近似公式不宜采用。Haagman 等（1993）提出用一维 FFT 计算球面卷积的严密方法，该方法可以在球面上精确计算离散二维卷积。其基本思想是：对每一条固定的平行圈（ψ 为常数），$S(\psi)$ 都可严格化为 $(\lambda_p - \lambda)$ 的函数。在平行圈上，数据按等经差间隔分布，则可在每一条平行圈上用一维 FFT 实现卷积的精确计算。最后沿经圈方向采用普通积分求和运算，即可得到准确的二维计算结果，在离散数据的情况下，实际上只是把每条平行圈的 FFT 计算结果逐条对应相加即得二维卷积结果，这个方法简称球面卷积的一维 FFT 方法，其计算结果可作为评价其他近似方法的标准答案。一维 FFT 方法也有很高的计算速度，但略低于前述近似法的计算速度。局部重力场数据序列是非周期序列，序列间的卷积是线性卷积，与 Fourier 变换二维序列的循环卷积有差异而产生误差，采样不充分和数据长度有限会产生频率混叠和频谱泄漏现象，由于事先已移去中、长波谱分量，仅对短波残差重力场作卷积计算，且采用在边缘均作 100% 补零处理。这一问题已基本得到解决，从而使 FFT 用于确定大地水准面的技术日趋成熟。近几年一种类似于 FFT 且与其有密切关系的快速 Hartley 变换（FHT）得到了应用，它比 FFT 有更快的计算速度。目前 FFT/FHT 技术已成为重力场计算的最有效的数学工具。

重力似大地水准面的确定，即解 Molodensky 边值问题，有三种不同的解算方法和相应的计算公式：第一种是 Molodensky 本人导出的级数解。第二种是布洛瓦尔（V. V. Bĭovar）级数解，他用一个推广的单层位 $T = \iint_{\Sigma} \lambda E dz$ 表示地面扰动位，代替简单的单层位表示（$T = \iint_{\Sigma} \varphi l^{-1} dz$），其中 λ 是推广的单层密度，E 是一个调和函数代替 l^-。同样将这个推广的单层位代入关于 Δg 的 Molodensky 简单边值条件（球近似），得到和 Molodensky 导出的积分方程相似的积分方程，但其中的积分核不同，他选择并定义核函数中的函数 E 为一个与 Stokes 函数有密切关系的调和函数（Moritz，1980），这个函数在 $r=r_p$ 时就归结为 Stokes 函数，Bïovar 的积分方程比 Molodensky 的要简单一些，但其解算方法则完全类似，同样采用了"收缩法"，导出的级数解在形式上也类似，但 Bïovar 的级数式要简单一些，特别是 $n\geqslant 3$ 的高次项。第三种是解析延拓解，其基本思想前面已作了介绍。应用向下延拓法将 Δg 归化到海水面来解算 Molodensky 问题，可能是最广泛而巧妙的方法（Heiskanen et al.，1967），由于这个方法概念简明，突出了和 Stokes 方法的直接联系，已经在向实用方面发展。以上三种方法在理论上是否等价等值？当 $n=0$、$n=1$ 时容易看出其等值性，Moritz（1971）证明了 $n=2$ 的等值性，Ecker（1971）证明了 $n=3$ 的等值性，最后 Pellinen（1972）在理论上对三种方法的等价性作了一般性证明。

在实用上，目前多数还是采用 Molodensky 级数解，一般只顾及 $n=0$ 和 $n=1$ 两项，主要涉及 G_1 项改正，需要地形数据。20 世纪 60—70 年代，计算高程异常由于还没有高分辨率的 DTM，且精度要求较低，通常不考虑 G_1 项改正。我国早期计算高程异常均未考虑此项改正，使得在我国西部山区产生较大误差，青藏高原可达 3.4m。当假定 Δg 与高程 h 满足线性关系，G_1 近似等于局部地形改正 Δg_{TC}，或用 Moritz 的符号 C，空间异常加局部地形改正 $\Delta g+C$ 为 Faye 异常 Δg_{FA}，用 Δg_{FA} 作边值，按 Stokes 公式计算高程异常 ζ 是目前比较普遍采用的方法，它略去了 $n\geqslant 2$ 的高次项，比直接按 G_1 的理论公式计算要简单，因此计算高程异常仍然是采用 Stokes 公式。

20 世纪 80 年代中期以来 Schwarz 和 Sideris 等系统地研究了 Molodensky 级数解的 FFT 算法，给出了一整套实用解算公式（Schwarz et al.，1990）。同时发展了解析延拓法（Sideris et al.，1988）。提出了两步延拓计算步骤，即第一步将地面 Δg 延拓至海水面，这一步只取决于格网数据；第二步再将延拓至海水面的重力异常 Δg° 延拓至计算点水准面。计算高程异常也有相应的两步，即第一步计算海水面的高程异常 ζ；第二步再将 ζ° 延拓至计算点。在第一步中 $h_p = 0$，在第二步中 $h_Q = 0$，使合并两步后的计算公式具有易于计算的形式，特别是将此解析延拓解的卷积形式化成谱表达式后，利用求导算子的谱，得到了适于用 FFT 计算的高效实用公式。

移去—恢复法也可以应用于 Molodensky 问题的求解，并有利于改善级数的数值收敛（Pellinen，1962），其方法与求解 Stokes 问题采用的移去—恢复过程类似，但意义大不相同（Heiskanen et al.，1967）。它是将大地水准面外部的物质全部移去或"沉入"大地水准面之下，并计算这一移去过程对地面点的重力值和重力位的影响，由此得到地面点的 Bouguer 异常或均衡异常。地形物质的移动使正常（似）地形面发生变化，这一间接影响可由地面重力位的变化按 Bruns 公式确定。利用地面的 Bouguer 异常或均衡异常（相当于残差重力异常）和前述任何一种计算高程异常的方法，确定因移去地形物质而产生变化的似大地水准面，再加上对高程异常的间接影响，就完成了对似大地水准面（或似地形面）的恢复过程。这里也涉及了移去地形物质和密度假设，但与 Stokes 问题在理论上要求移去大地水准面外部质量的意义不同，这里采用地面重力异常，边界面是地面，理论上不用移去地形物质，这里移去地形物质仅是一种计算方法的选择，以期改进计算效果。从计算效率来说，不管是解 Stokes 问题还是 Molodensky 问题，采用对地形质量的移去—恢复过程都将增加大量的计算工作量，实际计算中根据计算范围的大小和计算能力（如使用的计算机的性能）决定是否采用这种方法。同样计算高程异常也可以利用一个全球重力位模型移去中、长波分量，方法和计算重力大地水准面类似，但要注意把由全球扰动位模型确定的大地水准面高改为高程异常（Rapp，1997）。

第 2 章

高程基准

2.1 高程基准的发展

中华人民共和国成立前使用的高程基准（系统）比较混乱。20 世纪 50 年代初，我国虽然在统一高程基准方面作了许多努力，建立了 1954 年黄海高程基准，但验潮资料和精密水准测量少等原因，致使该基准问题较多。1954 年我国在青岛市观象山上建成了国家水准原点，原点周围同时建立了原点网并进行了一等水准测量。我国利用 1950—1956 年青岛验潮站平均海面高度计算出国家水准原点高出黄海平均海面 72.289m，从而建立了 1956 年黄海高程基准。

中国东南部地区精密水准网由 55 个闭合环组成，共 35000km 左右，从青岛国家水准原点的高程起算，通过平差计算求得这一地区精密水准路线上各点属于 1956 年黄海高程基准的高程。接着又以东南部地区精密水准网点的高程为起算点进行了东北部地区、西北地区、青藏地区的一、二、三、四等水准平差。20 世纪 60 年代中期，我国大陆水准点高程基准实现了统一，均采用 1956 年黄海高程基准。

1956 年黄海高程系统对统一我国的高程基准发挥了重要作用，但随着测绘科技的发展和验潮资料的积累，又显现出明显的不足。主要是该高程系统只采用了青岛验潮站 7 年的验潮资料，由于验潮数据时间跨度较短，无法消除长周期潮汐变化的影响，计算的平均海面不太稳定。另外，1950年、1951 年潮汐数据记录有错误，致使利用这两年资料确定的平均海面比利用 1952—1956 年资料确定的平均海面低约 20cm。

为了适应国家经济建设发展和考虑到国家水准网更新周期的需要，我国从 1976 年开始按照统一规划和技术标准布设国家第二期一等水准网，这是我国第一个同期布测的全国性高精度高程控制网。它的布测全面提高了我国高程控制骨干网的精度，增强了高程成果的现势性，同时我国也需要建立与之相适应的精确可靠的高程基准，因此决定更新 1956 年高程系统，建立 1985 国家高程基准。

确定 1985 国家高程基准所依据的黄海平均海面是采用青岛验潮站1952—1979 年共 28 年的验潮数据，并用中数法的计算值推算出来的。其值高出验潮站工作零点 2.4289m，比 1956 年黄海平均海面高 3.89cm。

1985 国家高程基准仍采用青岛国家水准原点为全国统一高程起算点，水准原点网经观测和平差，求得高程为 72.2604m。

2.2　水准网的布设与施测

我国高程异常控制网网点的正常高以国家水准网点的高程为控制，要求与国家水准网联测并有足够的重合点，国家水准网的精度制约高程异常控制网的精度。目前国家水准网的布设分为两期。第一期是 1976 年以前完成的，即以 1956 年黄海高程基准起算的各等级水准网；第二期是 1976 年至 1990 年完成的，是以 1985 国家高程基准起算的一、二等水准网，1990年以后国家对一等水准网和局部地区二等水准网进行了复测。HACN90 网的布测与我国第二期国家一、二等水准网是相联结的。

国家第二期一等水准网共布设 289 条路线，总长 93360km。其中 284 条路线构成 100 个闭合环，全网形成路线节点 186 个；设置固定水准标石 20190 座，其中基岩水准标石 111 座，基本水准标石 1918 座，普通水准标石 18161 座。

国家二等水准网共布设 1139 条路线，总长 136368km，由 1038 条路线构成 822 个闭合环（其中由二等路线构成的闭合环 82 个），其他 101 条路线为附合水准路线和支线。全网形成路线节点 1134 个，设置固定水准标石 33238 座。

一等水准网外业观测于 1977—1981 年进行，二等网于 1982—1988 年进行。观测使用的仪器主要有 Ni002 和 Ni004。水准路线上的重力测量根据水准路线的地区类别和已有重力资料状况，按照技术规定的要求执行。在一、二等水准路线上分别测定重力点 9875 个和 3928 个。观测成果各项限差符合规范要求。按路线由测段往返高差不符值计算的每公里水准测量偶然中误差（M_Δ）、环线闭合差（W）和由其计算的每公里水准测量全中误差（M_w）均达到相应的技术标准（见表 2-1 和表 2-2）。由 100 个一等水准闭合环计算的每公里全中误差为 ±1.03mm；由二等路线组成的 82 个环线闭合差计算的全中误差为 ±1.09mm，由 822 个环线（含附合水准路线）闭合差计算的全中误差为 ±1.54mm。

表 2-1　路线每公里水准测量偶然中误差分布

等级	区间/mm	<±0.35	±0.36~±0.4	±0.41~±0.45	±0.46~±0.5	±0.51~±0.52	
一等	个数	36	81	107	59	1	
	占总数比例/%	12.7	28.5	37.7	20.8	0.3	
等级	区间/mm	<±0.5	±0.51~±0.6	±0.61~±0.7	±0.71~±0.8	±0.81~±0.9	±0.91~±1
二等	个数	468	273	246	91	46	15
	占总数比例/%	41.1	24.0	21.6	8.0	4.0	1.3

表 2-2　环线闭合差 W 分布（区间以限差 W 为单位）

等级	区间/mm	<0.5	0.5~1.0	>1.0	合计	最大值
一等	个数	54	45	1	100	1.04
二等	个数	77	5		82	

平差及其成果精度，国家一、二等水准网按全网分等级进行平差。一等水准网先将位于大陆由 280 条路线组成的 99 个闭合环、186 个节点进行平差。二等水准以一等水准环为控制进行平差。

平差采用条件观测平差法，以节点间路线高差为元素，以测站倒数定权，起算高程采用 1985 国家高程基准的水准原点高程 72.2604m。用于平差的观测高差中加入了标尺长度误差改正、正常水准面不平行改正、重力异常改正。

按平差改正数计算的每公里水准测量中误差，一等为±1.15mm，二等为±1.88mm。同时计算了位于全国水准网不同部位具有不同特征的水准点的正常高平差值中误差。19 个一等水准点相对于青岛国家水准原点的中误差；105 个二等水准点相对于一等水准点的中误差。

2.3　高程控制网的数据处理及精度估计

高程异常控制网中 GPS/水准点共有 695 个，按照水准测量的精度可划分为国家一等、二等、三等和四等及高程系统转换等级，其中重合国家一、二等水准网点 468 个，占总数的 67%；新测水准点 202 个，占总数的 29%；重合 1956 高程点 25 个，占总数的 4%。

高程异常控制网点的正常高采用 1985 国家高程基准的国家第二期一、二等水准网点的计算成果。

重合国家第二期一等水准网点的精度，国家第二期一等水准网整体平差后的每公里中误差为±1.15mm。因此，对于重合一等水准网点的正常高精度按下式计算：

$$m_{h1} = \pm 0.00115\sqrt{L_1} \tag{2-1}$$

式（2-1）中，L_1 为该点至青岛水准原点的路线长度，以 km 为单位，m_{h1} 以 m 为单位。

重合国家第二期二等水准网点的精度，国家第二期二等水准网点相对起算点（一等水准网点）的每公里中误差为±1.88mm。因此，二等水准网点的精度按下式计算：

$$m_{h2} = \pm\sqrt{(0.00115)^2 L_1 + (0.00188)^2 L_2} \tag{2-2}$$

式（2-2）中，L_1 为距二等水准点最近的一等水准点至青岛水准原点的路线长度，L_2 为二等水准点至一等水准点的路线长度，L_1、L_2 以 km 为单位。

联测的三、四等点的精度，对于联测的三、四等点采用以下公式估算其精度：

$$m_{h4} = \pm\sqrt{m_{h41}^2 + m_{h3}^2} \tag{2-3}$$

式（2-3）中，m_{h3} 依据联测起始点的等级分别采用式（2-1）或式（2-2）计算；m_{h41} 按最长四等联测距离 15km 计算，即

$$m_{h41} = \pm 0.014\sqrt{15} \tag{2-4}$$

式（2-4）中，0.014 为四等水准测量每公里的限差，单位为 m。

基准转换点的精度，高程异常控制网中有 4% 的点重合于具有 1956 年黄海高程系正常高程的点，为此需要进行高程基准的转换。根据利用陕西省境内 1000 个同时具有两个基准的高程值计算分析，基准转换的误差为±0.1m。由此可得到基准转换点高程精度的近似估算公式：

$$m_{h2} = \pm\sqrt{\left[m_{h4}^2 + (0.1)^2\right]} \tag{2-5}$$

m_{h4} 可用公式（2-3）计算。

按照本节上述公式对高程异常控制网点正常高的精度进行统计，其结果如表 2-3 所示。

表 2-3　高程异常控制网点正常高精度统计

区号	总点数	平均值/cm	最小值/cm	最大值/cm	精度区间					
					(0, 5)		[5, 10)		[10, 15)	
					点数	百分比/%	点数	百分比/%	点数	百分比/%
A	83	8.7	6.5	13.5	0	0	68	81.9	15	18.1
B	58	9.4	6.6	13.7	0	0	41	70.7	17	29.3

续表

区号	总点数	平均值/cm	最小值/cm	最大值/cm	精度区间					
					(0, 5)		[5, 10)		[10, 15)	
					点数	百分比/%	点数	百分比/%	点数	百分比/%
C	59	7.6	5.1	12.3	0	0	58	98.3	1	1.7
D	62	6.9	4.6	12.3	4	6.5	57	91.9	1	1.6
E	38	8.1	6.2	10.1	0	0	37	97.4	1	2.6
F	73	7.2	4.6	12.8	1	1.4	63	86.3	9	12.3
G	122	5.6	2.4	11.5	54	44.3	62	50.8	6	4.9
H	106	5.0	1.7	10.6	66	62.3	39	36.8	1	0.9
I	94	6.9	4.7	9.4	4	4.3	90	95.7	0	0
合计	695	7.0	1.7	13.7	129	18.6	515	74.1	51	7.3

由表2-3可知，我国高程异常控制网点正常高的平均精度为±7.0cm，最大值为±13.7cm，92%的点的精度优于±10cm。

第 3 章
大地水准面数据测量技术

地球重力场边值问题是构建地球重力场模型的基础。长期以来，由于地面重力测量的困难致使地面重力观测值分布严重不均，直接制约了高分辨率地球重力场模型的构建，地球重力场的构建理论长期领先于地球重力场观测技术。

卫星大地测量技术的发展，极大地改善了地球外部空间重力场信号的质量，使得构建高精度、高分辨率地球重力场模型成为可能。当前，获取地球重力场信息的观测技术主要包括近地重力观测技术（地面重力测量、海洋重力测量和航空重力测量）、卫星地面跟踪、卫星测高、卫星重力测量等。近地重力观测技术是通过重力仪器直接测定测量点的绝对重力值、相对重力值以及重力梯度值等；基于卫星的重力测量技术主要是通过卫星轨道的摄动间接测定重力场的扰动或者直接测定卫星轨道上的重力梯度。

另外，由于地球重力场的多频谱特性，不同重力观测技术获得的重力场信号的精度和分辨率不同，反映着地球重力场不同频谱的信息，因此综合利用不同类型的地球重力场观测数据恢复高精度、高分辨率地球重力场模型已经成为共识。

本章将对现有不同类型重力测量技术进行简要介绍，并在对其观测数据的频谱特性进行分析的基础上，对多源地球重力场观测数据的融合进行研究。

3.1　近地重力观测技术

近地重力观测技术相对于卫星测量技术而言，根据其测量的位置不同可分为地面重力测量、海洋重力测量和航空重力测量技术，特别是地面重力测量技术使用最为广泛，其也是最现代的重力测量技术，其观测数据对于地球重力场模型的构建及相关地球动力学的研究具有重要意义。所谓广泛是因为地面重力观测数据是地球重力场的最直接表现，相较于航空重力测量、卫星跟踪测量和卫星重力测量技术而言，其使用得最多；所谓现代是因为地面重力观测数据在理论上包含重力场的全频谱信息，且观测精度较高，尽管分布不均匀，但在区域高精度大地水准面的精化、全球高精度高分辨率地球重力场模型的构建及地球内部物理的研究中不可或缺。海洋重力测量与航空重力测量是由地面重力测量延伸而出的，主要针对全球海洋和沙漠、冰川、峡谷两极等难以到达的区域，这两类测量技术相对于陆地重力测量而言，最大的区别在于平台的不稳定性，以及由此引发的硬件和软件的改进。

3.1.1　地面重力测量

地面重力测量技术依据测量方式的不同，分为绝对重力测量和相对重力测量两种类型。绝对重力测量是基于自由落体运动、在同一点上多次重复测量重力加速度进而求其平均值的测量方式。目前常用的绝对重力仪有FG-5、A-10和GWR超导重力仪等。绝对重力仪的精度非常高，可达±1μGal。但由于设备复杂、体积较大、对观测环境敏感、观测时间较长等原因，绝对重力仪不适用于大规模的数据采集工作。

鉴于绝对重力测量实现上相对较为困难，为提高重力测量的效率，实现更高分辨率的地面重力观测，通常采用相对重力仪完成测量任务。目前的相对重力测量仪器主要是美国 Micro-g 公司研制生产的 LCR 弹簧重力仪、加拿大研制生产的 CG-5 系列相对重力仪以及中国的 ZSM-V 型石英弹簧重力仪，测量精度为 $\pm 2 \sim \pm 10 \mu \text{Gal}$。与绝对重力测量相比，相对重力测量方式更加高效、快捷，而且对环境条件的要求也较为宽松，更适用于地质勘探等大规模的数据采集任务。

地面重力数据要经历复杂的归算处理过程方能使用。地面重力测量获取的是地面点的离散重力值，通常需要进行椭球改正、空间改正、大气和地形改正等才能得到符合建模要求的重力值。

另外，不同地区的地面重力数据的分辨率差异也较大。例如，我国大陆有 40 多万个实测重力点值（含重复观测点），这些地面重力数据分辨率偏低且分布不均匀，东部地区估计平均为 $5' \times 5'$，中部地区为 $5' \times 5'$ 至 $15' \times 15'$，西部地区为 $5' \times 5'$ 至 $1° \times 1°$，此外在新疆、西藏等地区还存在一些重力数据空白区；而欧美的平均分辨率优于 $5' \times 5'$（李建成，2003）。

3.1.1.1　绝对重力测量

绝对重力测量就是精确测定观测点的重力加速度，其基本测量原理是自由落体，常采用激光干涉仪进行测量。自由落体常为一光学棱镜，以氦氖激光束的波长作为干涉仪的光学尺，以铷铯原子钟作为时间频标，在光学棱镜自由落体运动中，通过干涉测量获得多组光学棱镜运动的时间—位移值 (t_i, x_i)，自由落体的运动公式如下：

$$x_i = x_0 + v_0 t_0 + \frac{1}{2} g t_i^2 + \frac{1}{6} \dot{\gamma} v_0 t_i^3 + \frac{1}{24} \dot{\gamma} t_i^4 \tag{3-1}$$

著名的 FG-5 型绝对重力仪就是基于上述原理，其观测方程为：

$$\begin{cases} x_i = x_0 + v_0 t_0 + \frac{1}{2} g_0 \left(t_i^2 + \frac{1}{12} \dot{\gamma} t_i^4 \right) \\ t = t_i - \dfrac{x_i - x_0}{c} \end{cases} \tag{3-2}$$

式（3-2）中，g_0、$\dot{\gamma}$、c 分别为初始位置的重力加速度、重力垂直梯度和光速。在实际的测量中，一般采用多次重复测量，按照最小二乘原理估计观测点绝对重力加速度的最佳值。

因为绝对重力测量的精度要求高，使得绝对重力测量仪器复杂、体积大、附属设备多、观测环境要求严，且观测时间一般较长。常用的绝对重力仪有 FG-5、A-10 和 GWR 超导重力仪等。FG-5 型绝对重力仪是由美国 Micro-g 公司研制生产的，标称精度为 2μGal，我国目前共有 4 台，分别为中国科学院测量与地球物理研究所（FG-5/112）、国家测绘地理信息局第一大地测量队（FG-5/214）、中国地震局地震研究所（FG-5/232）和总参测绘导航局第一测绘大队（FG-5/240）所有，FG-5 主要为相对重力测量提供起始基准点、建立重力测量基准等。A-10 便携式绝对重力仪作为 FG-5 的"姊妹款"，相对而言体积较小、操作简单，观测环境也没有 FG-5 那么苛刻，其标称精度为 10μGal。GWR-T 型超导重力仪是自 20 世纪 60 年代启动超导重力仪研制以来，唯一投入量产的仪器，目前全球共生产了 70 台，正常投入使用的为 50 余台，该绝对重力仪的测量精度可达 $10^{-2}μGal$。中国科学院测量与地球物理研究所早在 1985 年就从美国 GWR 公司引入了亚洲第一台 T004 型超导重力仪，主要用于国际重力基准的建立和比对、重力潮汐监测和地球动力学研究等。

由地球平均椭球 GRS80 的参数可知，地球赤道上的正常重力为 $\gamma_e = 978.0327\text{Gal}$、极点的正常重力为 $\gamma_p = 983.2186\text{Gal}$，地球表面的绝对重力最大差值约为 5000mGal。由克莱劳定理可知，正常椭球上任一点 P 的正常重力 γ 可表示为：

$$\gamma = (1+0.0053024\sin^2 B - 0.0000058\sin^2 2B)\text{Gal} \tag{3-3}$$

3.1.1.2　相对重力测量

鉴于绝对重力测量在实现上相对较为困难，为提高重力测量的效率，实现更高分辨率的地面重力观测，在绝对重力测量的基础上，采用相对重力仪，测定已知绝对重力值的点和待测点之间的重力差值，进而测定待测点的重力值，称为相对重力测量。

常用的弹簧相对重力仪是在一根高质量的弹簧上悬挂一个恒定质量的重物，利用弹力测量两点之间的重物重量的变化，从而得到两点之间的重力加速度的差值，测量原理如图 3-1 所示。

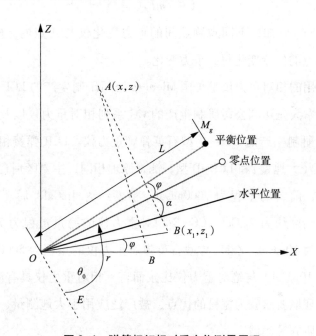

图 3-1　弹簧扭矩相对重力仪测量原理

令 M_g、M_τ、M_K 分别为重物所受的重力矩、扭力矩和弹力矩，由图 3-1可知：

$$\begin{cases} M_g = mgL\cos(\varphi+\alpha) \\ M_\tau = -\tau(\varphi+\theta_0) \\ M_K = -K(S-S_0)D \end{cases} \tag{3-4}$$

其中，$S=\sqrt{(x-x_1)^2+(z-z_1)^2}$，$D=\dfrac{(x_1z-xz_1)}{S}$，$x_1=r\cos\varphi$，$z_1=r\sin\varphi$，$K$ 为弹簧的弹簧系数。当重物处于平衡状态时合力矩为零，即：

$$M_g+M_\tau+M_K=0 \tag{3-5}$$

调节弹簧至平衡位置、零点位置、水平位置重合时，即 $\varphi=0$，$\alpha=0$，则由平衡方程可得：

$$\begin{cases} g = \dfrac{\tau\theta_0 + Krz}{mL} \\[3mm] \mathrm{d}g = \dfrac{Kr}{mL}\mathrm{d}z \end{cases} \tag{3-6}$$

由式(3-6)可知，不同观测点间的重力变化仅与 A 点的 z 坐标相关，进而通过 A 点的位置变化得到重力变化。

目前常用的相对重力仪是美国 Micro-g 公司研制生产的 LCR 弹簧相对重力仪、加拿大先达利公司研制生产的 CG 系列相对重力仪以及我国北京地质机器厂研制生产的 ZSM-V 型石英弹簧重力仪。LCR 弹簧相对重力仪有 LCR-G 型(大地型)和 LCR-D 型，测量原理相同，主要区别在于测量的量程和精度，前者的量程为 7000mGal，精度约为 4μGal；后者的量程为 2000mGal，精度约为 2μGal。CG-3 相对重力仪的测量量程为 7000mGal，测量精度约为 10μGal。ZSM-V 型石英弹簧重力仪的量程为 5000mGal，测量精度约为 10μGal。与绝对重力仪比较而言，相对重力仪具有测量便捷、效率较高、环境要求较为宽松的优点，被广泛应用于大地测量、地质勘探和地球物理研究等领域。

地面重力测量直接获取的是离散点重力值，除了进行仪器改正的预处理，还需要进一步进行精化处理以得到符合重力场研究所需的格网平均重力异常，主要有两步：一是引入参考椭球，顾及空间改正、大气和地形改正，计算测量点的重力异常；二是基于离散点重力异常通过重力异常预估得到格网平均重力异常。

目前，全球陆地重力观测数据主要有北美洲、南美洲、欧洲、亚洲、非洲和大洋洲等，分辨率和精度差别较大。我国的陆地重力测量在大部分范围可达到 $2.5'\times2.5'$ 分辨率，精度在中东部地区可达 4mGal，但在西部青藏高原、塔里木盆地以及边境区域尚有大片的重力空白区。

3.1.2　海洋重力测量

由重力场边值问题理论可知，其模型的构建需要全球均匀分布的重力观测数据，而全球表面积超过 70% 的区域是海洋。为填补海洋上重力数据的空白，海洋重力测量应运而生，但是相比地面重力测量，海洋重力测量实施的难度在于缺乏稳定的平台，外界环境的扰动影响可达几十乃至上百 Gal 的量级，因此，必须在观测技术和处理方法方面进行考虑，尽量消除或改正相关量的影响。

迄今为止，应用于海洋重力测量的海洋重力仪大致经历了三个发展阶段。第一阶段是海洋摆仪，从 1923 年 Vening Meinesz 研制的三摆仪发展到苏联科学院地球物理研究所研制的六摆仪，其测量精度从早期的约 30mGal 提高到了约 15mGal。摆仪海洋重力测量由于存在成本高、效率低、操作复杂和计算烦琐等缺点，被后来的船载走航式重力仪取代。第二阶段是摆杆型海洋重力仪，以 20 世纪 50—60 年代由 Graf-Askania 公司研制生产的 GSS2 型号和美国 Micro-g 公司研制生产的 L&R 摆杆型海洋重力仪为代表，均以其陆地重力仪为基础，增加了稳定平台，后续进行了改进，主要对弹性系统结构进行刚性强化，建立了反馈系统和滤波系统，并且在实际的测量中均安置在陀螺稳定平台上，提高了抗干扰能力，在中级以下海况其测量精度可优于 1mGal。第三阶段是轴对称型海洋重力仪，针对摆杆型海洋重力仪在实际应用中的交叉耦合效应引起的误差较大而设计。交叉耦合效应是水平加速度和垂直加速度的出现频率一样而相位不同时对重力仪产生的影响，该误差无法在一个相位周期内消除，可达 4~5mGal，也是摆杆型海洋重力仪的主要误差来源。为消除该影响，采用力平衡型加速度计代替摆杆，其轴对称型设计使得测量结果不受水平加速度影响，在理论上消除了交叉耦合效应。以 20 世纪 70—80 年代德国 Bedenseewerk 公司生产的 KSS30 型海洋重力仪和美国 Bell 公司生产的 BGM-3 型海洋重力仪为代表，其测量精度根据不同的海况为 0.2~2.5mGal。

常用的海洋重力测量是将海洋重力仪安置在行驶的船舶或者潜艇上，沿测线获取连续的重力观测值，鉴于仪器安置在运动载体上，所受到的扰动影响主要有水平加速度、垂直加速度、交叉耦合效应和厄特弗斯效应影响等。其中，前三项的影响都是通过增加附属装置来进行消除或减弱以及通过计算进行改正；第四项厄特弗斯效应是由科里奥利力的附加作用所致，当测定的大地纬度为 B、测船航速为 $V(\mathrm{m/s})$、航向角为 A 时，则在球近似条件下海洋重力测量的厄特弗斯改正公式为：

$$\delta_{gE} = 2\omega V\sin A\cos B + \frac{V^2}{R} \tag{3-7}$$

式（3-7）中，R 为地球椭球平均半径，单位为 m；ω 为地球自转角速度，单位为 rad/s。

相较于陆地重力测量，海洋重力测量的最大特点是载体的运动性和平台的不稳定性，只能按照预定航线进行连续重力观测，因此需要同步获取位置信息，但是稳定平台的强阻尼特性使得重力测量存在一定的滞后性，且无法像地面重力测量一样进行多次重复测量并进行闭合平差，海洋重力测量只能在航线交叉处产生一次重复观测。理论上的测线交叉点并不能完全重合，所以交叉点重力不符值不仅包括重力测量误差，也包括位置测量误差。目前，海洋重力测量交叉点不符值的中误差可达 3~5mGal。为提高海洋重力测量精度，国内外学者进行了大量研究，主要有利用最小二乘配置进行交叉点平差（Strang van Hees，1983）、通过交叉点平差计算测段的系统差改正（Prince，1984）、利用交叉点不符值计算不同航次的重力测量零点漂移（Wessel & Watts，1988）等，以及提出顾及重力测量误差直接影响和间接影响的联合平差法、自检校测线网平差法（黄谟涛，1999）等。

3.1.3　航空重力测量

受海洋重力测量的启发，针对人员难以到达的区域，科学家们将重力仪安装在飞行器上进行重力测量，即航空重力测量。航空重力测量的原理、仪器以及误差影响等都与海洋重力测量相似，但是扰动影响及其改正比海洋重力测量更加困难。

20 世纪 50 年代，美国率先开展了航空重力测量试验，所用仪器为 L&R 型海洋重力仪，平台为 KC-135 喷气式飞机，采用摄影测量与多普勒进行定位，测量的内符合精度约为 10mGal。由于飞行平台的扰动影响难以有效解决，阻碍了航空重力测量的研究进展，直到 20 世纪 90 年代 GPS 差分定位技术的出现和应用，极大地提高了飞行平台运动加速度的测量精度，有力推动了航空重力测量的发展。基于海洋重力测量技术以及航空重力测量的特点及其与海洋重力测量的异同，使得航空重力测量仪器的研究更多地体现在稳定平台方面，常见的航空重力仪可分为双阻尼稳定平台和三轴平台惯导系统。前一种类型以美国 Mirco-g 公司研制生产的 L&R 型重力仪为代表，测量精度为 1~3mGal，分辨率为 5~20km；后一种类型以加拿大 Sanders 公司研制生产的 AIRGrav 航空重力仪和莫斯科重力测量技术公司研制的 GT 系列为代表，其测量精度可达 1mGal，分辨率优于 2km。2007 年以来，美国实施了一项名为"美国垂直基准重定义重力测量"（GRAV-D：Gravity for the Redefinition of the American Vertical Datum）计划，旨在在一些地面重力数据稀少的困难地区，开展航空重力测量，目前已经使用 Micro-g 公司生产的 TAGS 型重力仪获取了大量的航空重力测量数据，其测量规模在国际上是前所未有的（Theresa M. Damiani et al.，2013）。

我国航空重力测量研究起步于 20 世纪 80 年代末，1988 年中国科学院测量与地球物理研究所利用国产的 CHZ 重力仪，首次在直升机上进行了悬停重力测量试验，精度约为 2.3mGal。2002 年，总参测绘局测绘研究所等单位研制了我国首台航空重力测量系统 CHAGS，该系统由 LCR 航空重力仪、GPS 接收机、姿态传感器等部件组成，测试表明该系统的交叉点重力异常精度约为 1.9mGal，相应的半波长分辨率约为 9km。

航空重力测量数据处理主要包括 GPS 精密定位、扰动影响改正、滤波处理和向下延拓。长期以来载体的定位技术成为航空重力测量实施的最大障碍，目前利用 GPS 相位差分定位实现了 1~2mGal 载体加速度的精确求定，以精密单点定位技术（Precise Point Positioning，PPP）为代表的 GNSS 定位技术已经应用于航空重力测量。和海洋重力测量一样，航空重力测量的扰动影响主要也是水平加速度及其周期性影响、垂直加速度及其周期性影响、交叉耦合效应和厄特弗斯效应影响等。其中，厄特弗斯效应改正的严密公式为（Olesen et al.，2003；Alberts，2009；孙中苗，2004）：

$$\delta_{gE} = 2\omega V_E \cos B + \frac{V_E^2}{N+h} + \frac{V_N^2}{M+h} \tag{3-8}$$

式（3-8）中，V_E、V_N 分别为飞行平台东西向和南北向的航行速度，M、N 分别为卯酉圈和子午圈曲率半径，ω 为地球自转角速度，B、h 分别为测点的大地纬度和大地高。由于厄特弗斯影响与载体飞行速度特别是东西向速度直接相关，而在航空重力测量中载体飞行速度可达 500km/h 甚至更高，其改正量可达数千 mGal，必须做仔细处理。针对 Thompson（1960）、Harlan（1968）有关厄特弗斯效应改正公式的差异以及应用中误将飞行平台的实际飞行速度当作地表投影速度，欧阳永忠等（2013）指出了其中的差异和错误之处，提出了统一采用严密计算公式的建议。航空重力测量与海洋重力测量一样，由于载体的不稳定性，其测量噪声远大于地面重力测量，且航空重力测量更甚，因此须采用滤波技术实现信噪分离，常用的是 FIR（Finite Impulse Response）滤波器、波数相关滤波器（Wavenumber Correlation Filter，WCF）（Jay，2000）、连续小波函数滤波器（柳林涛，2004）、FIR 低通滤波器（孙中苗，2004）、基于频率数据加权（frequency-dependent data weighting）滤波器（Alberts，2009）、时频通域滤波器（田颜锋，2010）。航空重力数据向下延拓不仅非常必要而且非常困难，由于向下延拓的不适定性，致使较小的误差可能引起较大的偏差，常用的方法有梯度法、最小二乘配置法、点质量方法、逆 Poisson 法。为抑制误差影响，引入了地面重力观测数据的联合平差法、虚拟压缩恢复法（申文斌，2003）、正则化方法

（沈云中等，2003；王兴涛等，2004）、矩谐分析法（蒋涛等，2013）等。同时为降低高频信号的影响，对航空重力数据在观测高度进行地形改正（章传银，2009），提高向下延拓的精度。

由重力场频谱特性可知，航空重力测量能够很好地填补卫星重力和地面重力测量所得重力场信息的信号盲区，可覆盖地面重力测量难以达到的地区，数据精度在全波长为 5~10km 的空间分辨率尺度上能够达到 1~3mGal（蒋涛，2013），将在地球重力场模型构建中发挥愈加重要的作用。1991—1992 年格陵兰航空重力测量中，飞行高度为 4.1km，空间分辨率为 15~20km、交叉点测量精度为 3.4~4.1mGal。

3.2　卫星跟踪观测技术

3.2.1　卫星地面跟踪观测技术

卫星地面跟踪观测技术是指通过地面跟踪站采用摄影测量、多普勒观测或者激光观测等技术来测定重力异常对卫星轨道的摄动，从而恢复重力场的长波部分信息，也就是低阶球谐系数（钟波，2010）。早在 20 世纪五六十年代，利用摄影法的地面跟踪观测实现了对第一颗人造卫星 Sputnik 的观测，解算了位系数的 J_2 项值。随后，利用卫星多普勒观测和人造卫星激光测距，建立了一系列低于 24 阶的全球重力场模型。著名的有史密松标准地球 SAO-SE、戈达德的标准地球 GEM 以及法德合作建立的 GRIM 地球重力场模型等。可以说卫星地面跟踪观测技术开启了地球重力场研究的卫星时代，历经半个多世纪的发展，基于卫星地面跟踪观测技术，利用卫星轨道根数的变化，依然是建立低阶地球重力场模型的重要手段。

人造卫星绕着地球运动，卫星轨道受到地球引力以及各种物理因素引起的摄动，对卫星轨道精密测量和精细分析，为测定引起这些摄动因素的有关参数提供了依据（朱文耀，1988）。卫星运动方程如下：

$$\dot{X} = F(X,\ P,\ t) \quad X(t_0) = X_0 \tag{3-9}$$

式（3-9）中，$\dot{X}$ 为卫星在 t 时刻的状态向量，可用六个轨道根数（偏心率 e、半长轴 a、轨道倾角 i、升交点赤经 Ω、近地点幅角 ω 和平近点角 M）表示。X_0 为卫星初始时刻 t_0 的状态向量，P 为待估的物理参数向量。

目前最常用的卫星地面跟踪观测技术——人造卫星激光测距（Satellite Laser Ranging，SLR）产生于 20 世纪 60 年代，其基于激光的优良物理特性（方向性强、单色性好），通过测量一个激光脉冲在地面测站与卫星之间的传播时间而获得卫星到地面站之间的距离。

自 1964 年第一颗带后向反射镜卫星（BE-B）发射升空以来，经过 50 多年的发展，激光测距技术在各个方面都得到了巨大的发展。目前，卫星激光测距系统正处于从第三代向第四代变革的关键时期，其测距精度将从 1.5cm 左右提高到 3~5mm，激光测距的重复频率由 1~10Hz 提高到 1000~2000Hz 甚至更高，测距能力由最初的 1000 千米提高到现在的 30000 多千米，实现了从卫星跟踪、激光测距到数据处理的全部自动处理。

全球 SLR 观测网络也由有限的几个台站发展到今天全球共有 50 多个台站，多数位于欧洲。中国 SLR 观测网络包括长春、北京、武汉、上海和云南天文台五个固定台站以及中国地震局武汉地震研究所研制的一个流动台站，均实现了白天千赫兹测距，其测距精度在 1~3cm。

设卫星的观测量为 Q_c，则卫星运动的观测方程为：

$$Q_c = Q(X,\ R_0,\ P) \quad R = PNSR_0 \tag{3-10}$$

式（3-10）中，R、R_0 分别表示测站在惯性系和地固系的位置矢量，P、N、S 分别为岁差、章动和地球自转矩阵。参数 P 包括卫星轨道、测站坐标、地球自转参数、地球引力场参数、地球固体潮和海潮有关参数等。

利用卫星轨道变化来测定地球引力场位系数主要是阶次（一般低于 24 阶，最高不超过 70 阶）的带谐系数和田谐系数。其中带谐系数是利用卫星轨道的长期和长周期变化(近地点幅角 ω 的一倍和两倍)来测定的,首先对卫星轨道在地面跟踪的基础上进行短弧定轨,滤除短周期变化并扣除其他摄动影响,再用谱分析将长期性和长周期项逐次分离,并根据轨道摄动的长期项、长周期项与带谐系数关系建立观测方法进而求解带谐系数。田谐系数主要由卫星轨道摄动的短周期项解算,通过卫星运动观测方程,将田谐系数作为待估参数与卫星轨道、测站坐标一并进行平差解算。

由于卫星轨道高度一般较高,且受地面跟踪站数量有限和分布不均的制约,特别是对于单个跟踪站来说,它的观测是不连续的,使得利用卫星地面跟踪观测反演地球重力场模型的阶次和精度都受到限制,且不同形状和倾角的卫星轨道摄动对相同阶次位系数敏感性不同,为提高解算精度需对长期积累的多颗卫星激光观测数据进行联合处理。

3.2.2　卫星测高观测技术

卫星测高作为 20 世纪 70 年代发展起来的一项空间测量技术,其概念是在 1969 年召开的固体地球物理和海洋物理大会上由美国大地测量学者 Kaula 首次提出的,它是以卫星为平台,利用测高仪,通过测量雷达或者激光往返卫星至海面、冰面以及沙漠等之间的传播时间,进而获得相应的距离,根据已知卫星的精密轨道以及各种模型改正从而确定瞬时星下点相应参考椭球面的海面高或者大地高。

卫星测高的基本观测方程为:

$$h_a = r - r_p + \frac{r}{8}\left(1 - \frac{r_p}{r}\right)e^4\sin^2 2\varphi - (N + \zeta_i + \zeta_s) \tag{3-11}$$

式(3-11)中,h_a 为卫星相对瞬时海面的高度,r 为卫星的地心距,r_p 为卫星星下点(卫星在平均地球椭球面的投影点)P 的地心距,e 为椭球第一偏心率,φ 为地理纬度,N 为大地水准面高,ζ_i 为瞬时海面和平均海面之间的差距,ζ_s 为平均海面至大地水准面之间的差距,其相对关系如图 3-2 所示。

卫星至参考椭球面的距离即大地高 h 可由卫星轨道获得，联合式(3-11)精确求得 h_a 后，即可得到星下点的瞬时海面高(Sea Surface Height, SSH)h_0：

$$h_0 = h - h_a \tag{3-12}$$

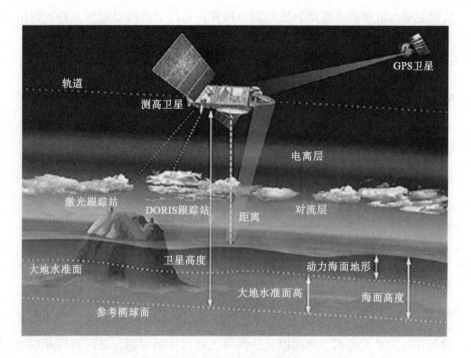

图 3-2 卫星测高几何原理

自 1973 年 NASA(美国国家航空航天局)发射首颗测高卫星——天空试验卫星(Skylab)以来，国际上陆续发射了多代多颗测高卫星，包括 GEOS-3、SEASAT、GEOSAT、ERS-1/2、TOPEX/Poseidon(常简称为 T/P)、GFO、Jason-1/2、ENVISAT、ICESAT、HY-2 卫星等。

最为著名的测高卫星为美国宇航局和法国空间局联合研制与实施的海洋表面观测计划(Ocean Surface Topography Mission, OSTM)，包括 TOPEX/Poseidon 卫星及其后续计划的 Jason-1/2/3 卫星，发射时间依次为 1992 年、2001 年、2008 年和 2016 年，卫星的轨道特征基本一样，采用倾角为 66°、近地点高度约为 1336km、重复周期为 10 天的圆形轨道。其中 T/P 卫星是首个搭载 GPS 接收机，实现 GPS 连续跟踪动态定位，使得轨道径向精度可达 3~4cm 的卫星。卫星载荷包括雷达高度计、DORIS、GPS、激光跟踪系统、微波辐射计等。

卫星测高原始观测数据须经过高度计距离偏差改正、信号传播路径上的对流层和电离层改正以及海面高相关的固体潮和海潮模型改正。同时为提高海面测高数据的精度和扩大范围，常对多种测高卫星观测数据进行联合处理，因此须对不同测高卫星的基准统一、共线平差、交叉点平差和波形重构等进行进一步改正，形成全球统一的高分辨率、高精度的海面高数据集。目前较新的全球平均海面模型有丹麦技术大学 Andersen 和 Knudsen 等研制构建的 DNSC、DTU 系列，其中 DNSC08（Danish National Space Center，DNSC）平均海面模型是 2008 年发布的，综合了 1993—2004 年的 Jason-1、T/P、ERS-1、ERS-2、GEOSAT、GFO、ENVISAT、ICESAT 8 颗测高卫星的观测数据，也是第一个利用 ICESat 卫星观测数据填补了极区空白的平均海面模型，分辨率为 $1' \times 1'$，精度在 4~10cm；DTU10（Denmark Technical Universit，DTU）平均海面模型是 2010 年发布的，综合了 1993—2009 年的各类测高卫星观测数据，在 DNSC08 平均海面模型的基础上改进了海潮模型以及海面高的季节改正。

卫星测高获得的是平均海面高数据（Mean Sea Surface，MSS），顾及海洋动力海面地形（Mean Dynamic Topography，MDT），可得海洋大地水准面高，同时利用卫星测高轨道不同弧度信息可以得到垂线偏差。基于海洋大地水准面高和垂线偏差等地球重力场信息，利用最小二乘配置、逆 Stokes 公式、逆 Vening-Meinesz 公式等反演重力异常（Sandwell，1992；李建成等，1997；Hwang，1998；Andersen，2003），进而得到海洋区域的高分辨率、高精度重力异常。实践证明，基于海洋垂线偏差，利用 Molodensky 提出的严密的逆 Vening-Meinesz 公式计算海面重力异常的精度最高，在实际的积分计算中常采用 FFT 算法提高计算效率，李建成等（1997）提出了逆 Vening-Meinesz 公式的严密二维平面坐标形式卷积表达式，兼顾了计算精度和速度。通过上述处理可获得分辨率为 1′×1′、精度约为 4mGal 的海洋区域重力异常，这些高质量的海洋重力异常为全球地球重力场模型的构建提供了重要数据支撑。

随着卫星测高技术的进步，以及海洋模型和大气模型的精化，海面地形测量精度由米级提高到厘米级，地面分辨率从百千米提高到几千米，测量范围由单一的海洋扩展到冰面和陆地沙漠。相比于海洋重力测量和航空重力测量，卫星测高具有获取范围广、全天候、多重复、成本低的优势，极大地拓展了人们对于地球表面信息的认知，使高阶（大于 2000 阶）全球重力场模型的构建成为可能，但是由于测高卫星的轨道高度一般为 500～1400km，卫星的在轨寿命一般为 5～10 年，因此为持续保持数据的更新，须采用 T/P 卫星计划的模式，每隔 7～8 年发射后续星，推进计划的持续实施。

3.3 卫星重力观测技术

最近几十年，随着 CHAMP、GRACE 和 GOCE 三大重力卫星的相继发射和投入使用，利用卫星数据确定地球重力场的研究进入新纪元。CHAMP 卫星是由德国研发的高低卫—卫跟踪重力试验卫星，用于测定地球的重力场和磁场（Reigber et al.，1996；许厚泽，2001）；GRACE 卫星不仅可以提供中低阶波段的静态重力场信息，还能够探测重力信号随时间的动态变化，如探测重力场和全球气候变化、研究海水热量交换及陆地水储量变化等（Tapley et al.，2003）。GRACE 可以实现全球覆盖，分辨率可达 200～300km。GOCE 卫星为重力梯度卫星，主要目的是提供具有高空间解析度（100km）和高质量的重力梯度数据，进而显著改善中间波段的重力场模型精度。

三大重力卫星以其高覆盖、高分辨率、高精度（中低阶）的特点，极大地丰富了地球重力场的观测技术，对重力场测量技术的发展具有里程碑意义。卫星轨道高度、观测技术和模式的不同，使得不同重力卫星对地球重力场的波谱敏感度不同，因而可联合这些数据共同用于地球重力场反演。

3.3.1　卫星跟踪卫星观测技术

无论是地面跟踪观测技术，还是卫星测高观测技术，其测量介质激光或雷达波都需要穿过大气层，其原始观测数据都需要经过电离层和对流层（干分量和湿分量）的模型改正，难免受改正模型误差影响，降低了卫星轨道或海面高的测量精度。随着星载 GPS、星载加速度计、恒星敏感器等技术的进步和应用，直接测定卫星轨道的摄动和在轨重力场信号成为可能，避免了观测介质穿过大气层产生的影响，提高了重力场模型反演的精度。

卫星跟踪卫星（Satellite-Satellite Tracking，SST）观测技术是通过测量卫星与卫星之间的相对变化来感应地球重力场扰动影响，进而实现地球重力场反演（Seeber，2003）。按照卫星间的空间位置关系可将卫星跟踪卫星观测分为高—低卫星跟踪（HL-SST）和低—低卫星跟踪（LL-SST）两种测量模式。

高—低卫星跟踪是利用受重力场扰动影响较小的高轨卫星（如 GNSS 卫星，轨道高度为 20000~30000km）连续跟踪对重力场扰动敏感的低轨卫星（轨道高度为 400~500km），精确测定低轨卫星的轨道摄动，从而解算地球的扰动来确定地球重力场模型（如图 3-3 所示）。高轨 GNSS 卫星主要受地球重力场的长波部分影响，受大气阻力影响极小，轨道稳定性高，可以由地面卫星跟踪站对它进行精密定轨。低轨卫星运行在较低的轨道上，对地球重力场的敏感性较高，其轨道摄动由高轨卫星连续跟踪并以很高精度测定出来，同时在低轨卫星上搭载卫星加速度计、恒星敏感器以及重力梯度仪等设备，用于测量重力场信号并补偿其非保守力摄动，跟踪精度达到微米级，从而能恢复高精度的低阶重力场。从数学上而言，高—低卫星跟踪技术与地面卫星跟踪观测并无本质区别，但是其连续跟踪观测克服了地面跟踪站数量有限、信号穿越大气层影响的弊端，使得观测数据的空间覆盖率、分辨率和精度都有很大提高（党亚民等，2016）。

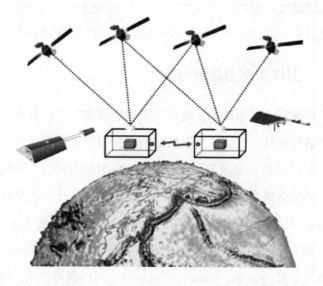

图 3-3 卫星跟踪卫星观测技术示意图

低—低卫星跟踪是对同一个轨道上两颗低轨道重力卫星（彼此相距 200~400km），通过一颗跟踪另一颗，测量两者之间的相对运动。其一阶微分可求得重力加速度，采用的是描述小尺度特性的经典微分方法。低—低卫星跟踪技术恢复重力场的精度大致比高—低卫星跟踪技术高一个数量级。由于高—低卫星跟踪和低—低卫星跟踪具有不同的轨道高度和由此产生不同的轨道摄动，组合使用可以取长补短，共同解算高精度的中长波重力场模型。

高—低卫星跟踪技术最初是由 Baker 在 1960 年提出的，低—低卫星跟踪技术最初是由 Wolff 在 1969 年提出的，随后欧美科学家进行了大量的数值模拟计算和卫星试验论证，但是由于卫星轨道处于微重力环境，常规的地面重力仪器设备无法在轨使用，必须研制符合卫星环境的星载精密仪器。直到 21 世纪初真正用于重力场研究的卫星计划才投入实施，包括 CHAMP、GRACE 和 GOCE 卫星重力计划，其中 CHAMP 采用高—低卫星跟踪观测模式、GRACE 采用高—低和低—低卫星跟踪观测组合模式、GOCE 采用高—低卫星跟踪观测和卫星重力梯度观测组合模式。

2000 年 7 月 15 日，由德国空间局（DLR）和德国地学研究中心（GFZ）共同实施的 CHAMP 卫星发射升空，近地点轨道高度 474km，偏心率为 0.00396，轨道倾角为 87.27°，搭载的主要设备包括 GPS 接收机、静电悬浮加速度计、恒星敏感器、高精度磁力仪等。其科学目标是：①测定地球重力场的中长波位系数及低阶系数的变化及进行 GPS 海洋和冰面测高实验；②测定全球磁场、电场分布和变化；③探测全球大气层和电离层。卫星设计寿命为 5 年，实际运行至 2010 年 9 月 19 日，在轨运行 10 年 2 个月 4 天，共计绕地飞行 58277 圈。利用 CHAMP 卫星观测数据高精度确定地球重力场的中、长波部分，主要得益于：①卫星上搭载的双频 TRSR-2 GPS 接收机，可同时接收 4~12 颗 GPS 卫星信号，通过事后处理可达到精度为 3~5cm 的精密轨道，为几何法恢复地球重力场提供了高精度数据支撑；②卫星上搭载的三轴六自由度静电悬浮加速度计，强敏感的径向和切向加速度测量灵敏度优于 $3\mu Gal$，弱敏感的法向加速度测量灵敏度优于 $30\mu Gal$，高精度直接测定了卫星所受大气阻力、太阳辐射光压和姿态调整推动力等非保守力影响，遗憾的是在轨加速度计的一个电极出现故障，导致法向观测量出现较大偏差，在数据处理中做了补救和修正措施（徐天河，2004；周旭华，2006）；③94 分钟的卫星旋转周期和长达 10 年的卫星在轨运行实际，高覆盖率、长时间获得了大量在轨卫星观测数据。

利用 CHAMP 卫星观测数据恢复地球重力场模型的常用方法有卫星轨道摄动的数值积分法和能量守恒法。其中卫星轨道摄动是卫星重力确定地球重力场的最经典方法，以卫星精密轨道为前提，通过数值积分技术解变分方程得到以位系数为待估参数的法方程。能量守恒法就是基于扰动位泛函可表示为任一重力场参考量的泛函以及能量守恒原理。

将卫星轨道处的扰动位表示为卫星重力数据和有关模型的函数进行直接解算。利用纯 CHAMP 卫星观测数据恢复得到的重力场模型主要有 EIGEN-1/2、EIGEN-CHAMP03S、AIUB-CHAMP01S/03S、ULux-CHAMP2013S 等，模型从 70 阶到 140 阶不等。

2002 年 3 月 17 日，由美国国家航空航天局和德国地学研究中心共同实施的 GRACE 卫星升空，GRACE-A、B 两颗卫星同时在轨，近地点轨道高度 485km，偏心率为 0.005，轨道倾角为 89°，设计寿命为 5 年，但是至今依然在运行，搭载的主要设备除了 CHAMP 搭载的 GPS 接收机、加速度计、恒星敏感器等还增加了 K 波段测距系统，主要用于两颗 GRACE 卫星之间的精密跟踪，通过两颗卫星同时相互发射两种频率（K/Ka）的载波相位，可获得两颗卫星之间的距离、距离变率和距离加速度。GRACE 卫星也是首次成功实施低—低卫星跟踪观测技术，由于引入 K 波段测距系统，使得 GRACE 卫星观测结果在精度和分辨率方面均优于 CHAMP 卫星，使中长空间尺度的球谐系数精度提高了约 3 个量级，更重要的是能提供高精度重力场的时变信息。利用 GRACE 观测数据恢复得到的地球重力场模型有 EIGEN-GRACE01S/02S、GGM02S/03S、ITG-GRACE02S/03 以及我国同济大学研制的 Tongji-GRACE01。

纯 GRACE 卫星观测数据恢复的重力场模型 Tongji-GRACE01，完全达到 160 阶，该模型也是在国际地球重力场模型中心（Internation Centre for Global Earth Models，ICEGM）公开发布的由我国研制的纯 GRACE 卫星重力场模型，该模型的位系数阶方差要全面优于 EIGEN、ITG 系列的卫星重力模型。

3.3.2 卫星重力梯度观测技术

卫星重力梯度测量（Satellite Gravity Gradiometry，SGG）是在卫星上搭载重力梯度仪直接测量在轨卫星处的重力加速度分量的梯度，即重力位的二阶导数，进而恢复地球重力场。卫星重力梯度观测技术原理是利用卫星内一条或多条固定基线（50~100cm）上的差分加速度计来测定三个互相垂直方向重力梯度张量的 6 个分量，即测出加速度计检验质量之间的重力加速度差值，如图 3-4 所示。

地球重力场信息随卫星轨道高度的增加而衰减，所以利用卫星轨道摄动只能确定中低阶地球重力模型位系数。采用卫星重力梯度测量技术，相当于测定地球重力场球谐系数的二次微分，放大了球谐系数，因而重力梯度观测数据含有较高频重力场信号，相较于卫星跟踪卫星观测技术，卫星重力梯度测量可恢复更高精度和更高分辨率的地球重力场。

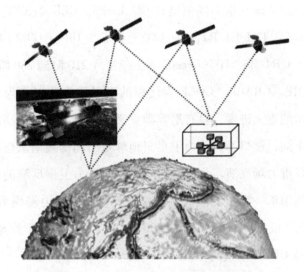

图 3-4　卫星重力梯度观测技术示意图

2009 年 3 月 17 日，欧洲空间局（ESA）研制的 GOCE 卫星发射升空，轨道高度 295km，偏心率小于 0.001，倾角为 96.7°，设计寿命为 2 年，实际运行至 2013 年 11 月 11 日，在轨运行 4 年 8 个月。GOCE 卫星搭载设备相比于 CHAMP 而言，主要增加了静电重力梯度仪（Electrostatic Gravity Gradiometer，EGG）、无阻力姿态控制系统（Drag-Free Attitude Control System，DFACS）和电离子推进器（Electric Ion Propulsion System，EIPS），其中 EGG 用于测定重力位二阶梯度张量，DFACS 用于自动测定并控制卫星的高度位置、角运动、线性加速度和角加速度，EIPS 用于调整并维持卫星的速度和高度。GOCE 卫星的科学目标是恢复地面空间分辨率达到 100km，反演重力异常的精度可达到 1mGal，确定大地水准面的精度可达到 1~2cm 的全球地球重力场模型。相比于 CHAMP 和 GRACE 卫星，GOCE 卫星的轨道更低，且采用重力梯度观测技术直接测量卫星轨道上的重力场参考量，因此其恢复更高精度、更高分辨率的静态地球重力场模型体系具有较大优势，期望恢复厘米级精度的全球大地水准面，略显遗憾的是由于卫星轨道较低，其卫星在轨寿命相对较短，获取的观测数据和地面重复率有限。用 GOCE 卫星观测数据恢复得到的地球重力场模型有 GO_CONS_ GCF_2_SPW_R1/R2/R4、GO_CONS_GCF_2_TIM_R1/R2、GO_CONS_GCF_2_DIR_R1/R2、GO_CONS_GCF_2_TIM_R3/R4/R5、ITG-Goce02 等，模型从 210 阶到 280 阶不等。

以 CHAMP、GRACE、GOCE 为代表的卫星重力计划作为新世纪重力卫星观测技术的重大进展，具有里程碑意义。由于卫星轨道高度和观测技术与模式的不同，使得不同重力卫星对地球重力场的波谱敏感度不同，可联合用于地球重力场反演。为进一步研究不同重力卫星反演的重力场模型的差异，对利用单一重力卫星观测数据恢复得到的重力场模型进行比较，其中纯 CHAMP 模型为 AIUB-CHAMP01S/03S、纯 GRACE 模型为 Tongji-GRACE01、纯 GOCE 模型为 TIM-R5。

由 GRACE 和 GOCE 模型的比较可见，纯 GRACE 卫星模型在前 122 阶要优于纯 GOCE 卫星模型，但是其反演模型的阶数要低于 GOCE 卫星模型，因此后续的重力卫星数据融合主要对 GRACE 卫星和 GOCE 卫星的观测数据或模型进行融合，有 250 阶的 GOCO03S、230 阶的 GOGRA04S 以及 240 阶的 GGM05G 等。

第4章
陆地大地水准面的确定方法研究

4.1 测量数据的归算和内插

局部大地水准面精化的实质是利用重力及地形资料辅助 GPS/水准得到局部大地水准面。精化大地水准面的目的是试图用 GPS 测量加上给定的精化大地水准面来代替四等乃至三等水准测量，给出点位的正常高，这时需要的是精化的 GPS/水准大地水准面。此外，可以从重力观测（重力场模型加上局部地区的重力观测资料）给出重力大地水准面 N_g，这是一种以地球质心为原点、自转轴为坐标轴，并与地球的总质量相应的全球大地水准面。就目前而言，全球重力场模型由于重力卫星的发射已达到很高的精度，但其分辨率还较低，高密度的地面重力测量资料还远远不足。因此，重力大地水准面的精度远低于几何大地水准面的精度，理论上重力大的水准面和 GPS/水准大地水准面差别是很小的，主要表现在地球质量、坐标原点和坐标框架以及尺度等参量的选取上，因此相对于 N_{GPS}，$N_{\mathrm{GPS}}-N_g$ 的量级变化也平缓得多。一般而言，在某个地区，观测数据的精度很高，但观测点数可能不太多。因此，合理的处理方法是把两者结合起来，具体做法如下：

用 GPS/水准计算出 N_{GPS}，然后减去由重力资料计算得出的 N_g：

$$\Delta N^i = N_{\mathrm{GPS}}^i - N_g^i \quad (i=1,\ 2,\ \cdots,\ n) \tag{4-1}$$

这时重力大地水准面 N_g 值的作用是作间接内插或移去恢复，就好像用地形均衡异常来间接内插出空间异常一样，通常可以把样条函数或多面函数作为核函数。但是，把两种水准面（GPS/水准的及重力的）作等权的拟合，这在实际上降低了观测的 N_{GPS} 点的作用和精度，尤其在拟合区域较大时其效果不如过点拟合方式好。

拟合内插的精度一般采用内符合精度和外符合精度两种指标来评定。目前，国内外用于 GPS/水准高程拟合的模型有很多，通常用的是多项式曲面拟合、多面函数拟合以及样条插值等。

曲面拟合是一种局部逼近的方法。其基本思想是以每一个内插点为中心，用内插点周围数据点的值建立一个拟合曲面，使其到各数据点的距离之加权平方和为极小，而各曲面在内插点上的值就是所求内插值。

根据地区高程变化的复杂程度，可选用 m 次曲面来拟合，设高程控制点的大地水准面高与坐标 (x, y) 间的函数关系为

$$N(x, y) = b + b_1 x + b_2 y + b_3 xy + b_4 x^2 + b_5 y^2 + \cdots + b_i \qquad (4-2)$$

各观测点的已知大地水准面高与其拟合值之差为

$$r_i = N_i(x, y) - N(x, y) \qquad (4-3)$$

r_i 称为残差。根据最小二乘原理，有

$$\sum_{i=1}^{m} r_i^2 = \min \qquad (4-4)$$

一旦式 (4-2) 中 $b_i (i = 1, 2, 3, \cdots)$ 确定，则可以求出任何一点的大地水准面高。

在平原地区，大地水准面的变化是非常平缓的。因此，在比较平坦的地区，局部范围内的大地水准面也可以用一个平面来表示，这时式 (4-2) 简化为

$$N(x, y) = a + a_1 x + a_2 y + \varepsilon \qquad (4-5)$$

根据最小二乘原理，求出式 (4-5) 中各系数，那么就可以利用相应的拟合方程推算出其他点的大地水准面高。需要指出的是，曲面的次数并非

越高越好。这是因为当插值次数较高时常伴有数值不稳定的现象，从而使待定点的推测非常不准确。

　　Hardy 教授提出了多面函数法，其基本思想是：在每个数据点上同各个已知点分别建立函数关系（这种函数关系称为核函数，其表现形式为一些规则的数学曲面），将这些规则的数学曲面按一定的比例叠加起来，就可以拟合出任何不规则的曲面，且能达到较好的拟合效果。很明显，多面函数的解算具有最小二乘配置和推估法的性质。根据这一思想，大地水准面高可表示为

$$N(x,\ y) = \sum_{i=1}^{k} \alpha_i Q(x,\ y,\ x_i,\ y_i) \tag{4-6}$$

　　式（4-6）中，i 为显著点（少于实测重力点），α_i 为待定系数，$Q(x,\ y,\ x_i,\ y_i)$ 为核函数，$(x,\ y)$ 为未知测点坐标，$(x_i,\ y_i)$ 为已知测点坐标。核函数一般可取：

$$Q(x,\ y,\ x_i,\ y_i) = \left[(x-x_i)^2 + (y-y_i)^2 + \delta \right] b \tag{4-7}$$

由此可列出误差方程：

$$\begin{bmatrix} v_1 \\ v_2 \\ \vdots \\ v_i \end{bmatrix} = \begin{bmatrix} Q_{11} & Q_{12} & \cdots & Q_{1n} \\ Q_{21} & Q_{22} & \cdots & Q_{2n} \\ \vdots & \vdots & \cdots & \vdots \\ Q_{m1} & Q_{m2} & \cdots & Q_{mn} \end{bmatrix} \begin{bmatrix} \alpha_1 \\ \alpha_2 \\ \vdots \\ \alpha_n \end{bmatrix} - \begin{bmatrix} N_1 \\ N_2 \\ \vdots \\ N_m \end{bmatrix} \tag{4-8}$$

则可得 $\alpha = (Q^T Q)^{-1} Q^T N$，那么任意一点 $P_k(x_k,\ y_k)$ 上的大地水准面高 N_k 为

$$N_k = Q_k^T \alpha = Q_k^T (Q^T Q)^{-1} Q^T N \tag{4-9}$$

4.2　陆地重力大地水准面与 GPS/水准大地水准面的拟合

　　GPS 技术出现之前，学术界主要通过地面重力测量，依据 Stokes 理论

或 Molodensky 理论计算大地水准面。随着 GPS 技术的出现和快速发展，地面点的坐标可以实时、准确地获得，这不仅使我们得到一个固定的边界面，更为重要的是使地面扰动重力的获取成为现实。由于 GPS/水准数据精度高、分辨率低，重力数据的精度低、分辨率高，综合利用这两种数据可弥补各自的缺点，求得高精度、高分辨率的似大地水准面模型。现有的联合解算方法，通常先解算重力似大地水准面模型，再根据 GPS/水准点获得大地水准面高与重力似大地水准面高之差，拟合出两个面之间的变换模型。

几何大地水准面与重力水准面之所以不同，是因为两者的基准不同且存在观测误差。基准的差异可通过引入变换参数进行统一，基准统一后两者的差值主要反映了观测误差及基准变化模型的误差。引入基准转换参数建立两个水准面之间的关系，基于最小二乘准则可以算出重力与几何观测值之间的残差。利用残差修复的观测值重新计算的重力与 GPS/水准似大地水准面，不仅可以提高精度，而且与基准变换参数相互兼容。

在球近似条件下，某点 P 的大地水准面差距与重力异常之间可表示成如下积分关系：

$$N = \frac{R}{4\pi\gamma} \iint_{\sigma} \Delta g S(\psi) \mathrm{d}\sigma \qquad (4\text{-}10)$$

式(4-10)中，R 为地球平均半径，γ 为水准椭球面上的正常重力，Δg 为大地水准面上的重力异常，σ 表示单位球面，$\mathrm{d}\sigma$ 为积分元，ψ 为 P 点与积分元的球面角距，$S(\psi)$ 为 Stokes 函数。如果考虑扁率的影响，只需对 Δg 加上三项小改正；如果利用已知的地球重力场模型以及地形数据改善计算效率与精度，需要对式(4-10)进行适当改化；若采用扰动重力或其他重力观测值，也可给出类似的积分公式。将边界 σ 格网化后，并顾及重力异常存在观测误差，式(4-10)的离散形式可表示为

$$N_i = \sum_{j=1}^{n} \left(\Delta g_j + v_i \right) K(\psi_{ij}) \Delta s_j \qquad (4\text{-}11)$$

式(4-11)中，n 为格网数，Δg_j 为第 j 块格网的平均重力异常，v_i 为其

改正数，ψ_{ij} 为从格网中心到计算点 i 的球面角距，Δs_j 为改格网的面积。则

$$\Delta s_j = \iint\limits_{\sigma_j} \mathrm{d}\sigma \tag{4-12}$$

核函数 $K(\psi_{ij})$ 可表示为

$$K(\psi_{ij}) = \frac{R}{4\pi\gamma} S(\psi_{ij}) \tag{4-13}$$

若共有 m 个 GPS/水准点，利用重力观测资料可计算这 m 个点的重力似大地水准面差距。

第 5 章
卫星测高确定海洋大地水准面的理论和方法

5.1　海洋大地水准面的研究进展

　　长期以来，由于海洋重力测量资料的匮乏，对占地球表面积 2/3 的海洋重力场的研究和认识近乎空白。20 世纪 60 年代以来，随着精密海洋重力仪的发展，一些沿海发达国家出于海洋资源开发和军事目的的需要，在其周边近岸海域开展了船载重力测量和海底重力测量。由于投入大、施测周期长，所以所测范围有限，但可以联合陆地重力数据确定一个陆海统一的大地水准面。

　　海洋卫星雷达测高技术可精密测定全球海洋平均海面的大地高。若将平均海面看作大地水准面，意味着可以用卫星测高技术"直接"测定海洋大地水准面，再通过逆 Stokes 公式计算海洋重力异常，由此海洋重力场的测定和研究取得了突破。近 20 年来，在多代卫星测高计划的支持下，海洋重力场的确定得到了迅速发展，取得了丰硕的成果。

　　卫星测高技术从 1973 年 NASA 发射天空实验室卫星（SKYLAB）首次进行海洋卫星雷达测高实验开始，50 多年来先后发射了多代测高卫星。其中有 NASA 等部门发射的地球动力卫星 GEOS－3（1975 年）、海洋卫星 SEASAT（1978 年）、大地测量卫星 GEOSAT（1985 年），ESA 发射的遥感卫星 ERS-1(1991 年)和 ERS-2(1994 年),NASA 和法国空间研究中心(CNES)合作发射的海面地形实验/海神卫星 TOPEX/Poseidon(T/P,1992年)。1998 年美国又发射了 GFO(GEOSAT Follow On)卫星,它是 GEOSAT测高卫星计划的延续。2002 年 3 月 1 日 ESA 发射了具有最新测高功能的全球环境卫星 ENVISAT。

卫星测高技术经历了不断改进和完善的过程,技术和性能已趋成熟。测高精度提高了三个数量级,目前已达厘米级,数据分辨率达 10km 水平。GEOS-3、SEASAT 和 GEOSAT 主要任务是测绘海洋大地水准面,恢复海洋重力场。利用 GEOSAT/GM(大地测量任务)数据,分辨率可优于 10km,重力异常推算精度在开阔海洋可达 1~2mGal(Sandwell,1992),已高于许多国家陆地重力测量相应格网平均值精度水平。ERS-2 是一种多目标海洋遥感卫星,测高精度最终可达 2cm,分辨率为 6.7km。20 世纪 80 年代以来国际上主要致力于研究利用卫星测高数据确定海洋大地水准面和反演重力异常的技术,建立高阶地球重力场模型,同时导出长波海面动力地形模型和大洋环流模型,研究海面高的季节性和年际变化,这些研究均取得了瞩目的成果。

20 世纪 80 年代,国际上开始利用 SEASAT 和 GEOSAT 数据确定海洋大地水准面,由于其精度目标为米级或亚米级,因此将平均海面作为大地水准面,略去 1m 量级的海面地形,由此得到的 30′×30′重力异常格网平均值,精度可达 3mGal。20 世纪 90 年代初,低阶重力位模型有了新进展,先后出现 GEM-T3 和 JGM3 等,测高卫星定轨采用了准确度更高的重力位模型,定轨精度有了大幅提高,测高精度相应达到了厘米级水平。这期间发展了所谓"整体解法"(Engelis,1987),即在测高观测方程中同时引入位系数改正、轨道改正和海面地形球谐展开系数作为待求参数。由此导出了全球海面地形球谐函数模型,即 OSU-SST 模型,并和大洋环流、海流模型作了比较检验,总体符合较好。不过,上述比较区域大多限于开阔海洋,而在近岸海域尚未见到可靠的比较结果。这一方法也改进了当时用于测高卫星定轨的 GEM-T2 位模型的系数，作为发展高阶位模型的低阶先验模型。曾经一度广泛应用的 OSU91 模型，其建立过程中对测高数据的处理就采用了整体解法的成果（Rapp et al.，1991）。整体解法初步实现了同时确定海洋大地水准面和海面地形的新解法。虽然整体解法优于简单略去海面地形的处理方法，但其本身尚有一些理论上的缺陷，有待进一步研究。例如，海面地形展开的一阶项，1cpr 频率（每转一圈为一周）径向轨道误差的正弦项以及地心漂移误差的正弦项之间存在接近 100% 的相关性（Denker et al.，1991），此外，还有海面地形球谐展开式的陆地部分的处理和地转流的约束问题也有待进一步解决。鉴于这些原因，这一方法至今未能得到广泛应用。

20 世纪 80 年代发展起来的最小二乘配置法，由于具有能容纳多种类型观测数据的灵活性，求解的数值稳定性好，结果"平滑"，因此在利用测高数据恢复海洋重力场中得到了比较广泛的应用。将平均海面高直接作为大地水准面高用配置法求解重力异常，而后将平均海面高作海面地形改正，将陆地重力异常和海洋测高重力异常联合，用配置法求解陆海统一的大地水准面。但是，由于这一方法确定协方差矩阵的计算工作量很大，一般只适用于局部小范围或开阔海区的计算，而近岸海域协方差函数一般难以准确确定，因此这一方法尚未得到有效应用。

近年来，Sandwell 方法受到越来越多的重视，即由测高剖面梯度数据计算海洋重力垂线偏差，作为"观测值"，再由逆 Vening-Meinesz 公式反解重力异常或用 Molodensky 公式由垂线偏差直接反解大地水准面高。Sandwell 最初是利用扰动位的 Laplace 方程导出关于重力异常与垂线偏差的一阶偏微分方程，再利用导函数的 Fourier 变换求解重力异常，这一方法略去了重力异常与扰动重力的差别，是一种近似求解法。Hwang（1989）利用扰动位球谐展开及其泛函数导出了更具一般性的逆 Vening-Meinesz 公式，其核函数与 Molodensky 反演公式的核函数在形式上有所差别。Hwang（1998）指出测高垂线偏差之所以受到重视，是因为这一类型数据可以削弱多种系统误差的影响，例如可以消除与地理位置相关的长波径向轨道误差，以及长波海面地形等类似的系统误差。垂线偏差含有丰富的重力场高频成分，对恢复高分辨率海洋重力场很有利，所以，由测高垂线偏差确定海洋重力场是新的发展趋势。

目前最新的全球重力场模型测高精度已达厘米级，分辨率可优于5km（在开阔海洋）。但近岸测高数据质量较差，估计由此解算的平均海面高的精度只能达到或优于分米级，分辨率达到或优于15km。建立陆海统一的高分辨率、高精度大地水准面是现今和未来统一全球高程、深度基准必然选择的基准面。将陆地上现行的高程基准扩展到海域，将是研究的难点之一。解决这一问题首先需要确定一个陆海统一的大地水准面，因而用卫星测高数据反演海洋重力场，进而恢复高分辨率、高精度海洋大地水准面将是大地测量领域研究的主要内容之一。

5.2 海洋大地水准面的确定理论

5.2.1 基本原理和基本模型

卫星测高仪是一种星载微波测距雷达。卫星作为一个运动平台，其上的雷达测距仪沿垂线方向向地面发射微波脉冲，并接收从地面(海面)反射回来的信号。卫星上的计时系统同时记录雷达信号往返传播的时间Δt，已知光速c，则雷达天线相位中心到瞬时海面的垂直距离h_a(见图5-1)为

$$h_a = c \cdot \frac{\Delta t}{2} \tag{5-1}$$

卫星测高仪的工作频率通常为13.5GHz($1\text{GHz} = 10^9\text{s}^{-1}$)，相应波长为2.22cm。1cm的测高精度要求计时系统分辨率为30ps($1\text{ps} = 10^{-12}\text{s}$)，脉冲长度为几纳秒($1\text{ns} = 10^{-9}\text{s}$)，单量程测量的相关分辨率为0.1~1m。雷达波束宽角$\varepsilon = 1.5° \sim 3.0°$，到达海面波迹半径为3~5km，因此测高仪所测高度

h_a 为这个圆形波迹面积内卫星至海面的平均高。

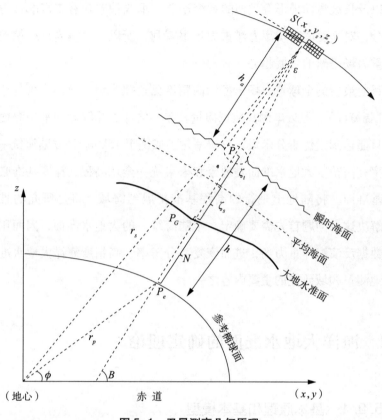

图 5-1　卫星测高几何原理

在图 5-1 中，h 为瞬时海面的椭球高，是间接观测量，h_a 是雷达测高仪的直接观测量，r_s 是卫星的地心距，P 点是瞬时海面上卫星的垂向星下点，P_G 是大地水准面上 P 点的垂向投影点，P_e 是 P_G 在参考椭球面上的法向投影点，其地心距为 r_p。图 5-1 中略去了垂线偏差，$SP_e = H_s$ 是卫星的椭球高，N 为大地水准面高。如果地球参考椭球是圆球，则 r_s 与 r_p 重合，并有简单关系：

$$h = r_s - r_p - h_a \tag{5-2}$$

顾及参考椭球扁率，式（5-2）应加一改正 C_r，即：

$$h = r_s - r_p - h_a + C_r \tag{5-3}$$

$$C_r = \frac{r_p}{8}\left(1 - \frac{r_p}{r_s}\right) e^4 \sin^2 2B \tag{5-4}$$

对于 GEOSAT 卫星，轨高 800km，$\angle P_e OS \approx 77''$，$C_r$ 最大为 4.0m；对于 TOPEX/Poseldon 卫星，轨高 1336km，$\angle P_e OS \approx 120''$，$C_r$ 最大为 6.2m，因此计算 h 必须加 C_r 改正，C_r 可由式(5-4)精确计算。显然，h 也可按以下公式计算：

$$h = H_s - h_a \tag{5-5}$$

式(5-5)中，H_s 可由已知的卫星星历坐标(X_s，Y_s，Z_s)反算大地坐标(B_s，L_s，H_s)得到，但计算工作量较大。式(5-2)或式(5-3)称为卫星测高的基本方程。式(5-2)是无误差的几何关系，并认为其中已加了 C_r 改正，通常用于理论分析。现设 h_a 的测定误差为 ε_h，卫星轨道径向误差为 ε_r，则式(5-2)可写成：

$$h = r_s - r_p - h_a + \varepsilon_r - \varepsilon_h \tag{5-6}$$

海面高又可表示为以下关系：

$$h = N + \zeta_s + \zeta_t + \tau + \omega \tag{5-7}$$

式(5-7)中，ζ_s 和 ζ_t 分别为海面地形的稳态部分和非潮汐时变部分，τ 为海潮和固体潮对海面高的影响，ω 为海况(风、浪和大气压等)引起的海面高变化，现令：

$$h_c = r_s - r_p - h_a \tag{5-8}$$

$$N = N_0 + \Delta N^c + \Delta N^0 \tag{5-9}$$

式(5-8)中，h_c 为计算的海面高，即海面高的间接观测值。式(5-9)中 N_0 为用于测高卫星定轨的全球位模型大地水准面高，ΔN^c 为位模型(系数)误差产生的大地水准面高的误差，ΔN^0 为与位模型截断误差相应的大地水准面高的误差。联合式(5-6)和式(5-7)，可得：

$$h_c = N_0 + \Delta N^c + \Delta N^0 + \zeta_s + \zeta_t + \tau + \omega - \varepsilon_r + \varepsilon_h \tag{5-10}$$

这是海面高的一种观测方程，N_0 可视为 h_c 的近似值，其余各项为待求量，又令：

$$\Delta h = h_c - N_0 \qquad (5-11)$$

则式(5-10)可写成残差观测方程的形式：

$$\Delta h = \Delta N^c + \Delta N^0 + \zeta_s + \zeta_t + \tau + \omega - \varepsilon_r + \varepsilon_h \qquad (5-12)$$

式(5-12)表示各种因素对海面高观测值的影响之和，其中并未包括所有物理因素的影响，只是认为这些影响都有精密的改正模型，并且改正已被消除。留在式(5-12)中的影响项，是解决大地测量问题所需要的。要从残差观测值中提取的信息，主要包括对模型大地水准面高 N_0 的改正信息（$\Delta N^c + \Delta N^0$）、稳态海面地形信息（ζ_s）、轨道径向误差信息（ε_r），以及测高精度信息（ε_h）。本书更加关注由测高数据确定 τ 和建立海潮模型的问题，因为高精度测高数据的潮汐改正占全部物理改正量的80%以上，且潮汐现象对大地水准面的研究和确定有重要作用，这里认为观测值 Δh 中已作潮汐改正。时变海面地形 ζ_t，海况（风浪）对测高的影响 ω，其周期短、频率高，在一定程度上可视为随机噪声，在长周期的重复观测中通过取平均可消除其影响。因此可将式(5-12)写成：

$$\Delta h = \Delta N^c + \Delta N^0 + \zeta_s - \varepsilon_r + \varepsilon_h \qquad (5-13)$$

式(5-13)是大地测量要研究的卫星测高基本观测模型。

5.2.2 卫星测高的误差源

利用卫星测高技术测定海面高，对大地测量来说，主要是精准确定海洋大地水准面及与其密切相关的平均海面，并由此确定稳态海面地形，其中高分辨率、高精度的平均海面高是卫星测高提供的最基础数据。分析卫星测高的误差源，实际上就是研究确定平均海面高的各种可能的误差来源。这种误差源大致包括三类（Rummel，1993）：①卫星定轨误差，主要是径向轨道误差；②测高误差，主要是测高仪误差和测高信号传播误差；③海面高时变误差，主要是潮汐和海况的影响。在卫星测高技术的应用中，由于测高仪本身测距误差的量级以及所需提取的大地测量信号（如残差海面高）的量级一般都小于或远远小于海洋物理环境对测高影响的量级，因此在卫星测高中模拟各种误差影响，并进行改正，是应用该项技术的重要环节。

5.2.2.1　轨道误差

卫星的轨道误差是卫星的真运行轨道与计算轨道之差，主要是提供的卫星星历坐标$[x_s(t)，y_s(t)，z_s(t)]$或$[B_s(t)，L_s(t)，H_s(t)]$与真实坐标之差。卫星测高确定的是地（海）面点的垂向位置，主要受径向轨道误差影响。水平方向的轨道误差影响测点的水平位置，由于卫星定轨给出的水平分量精度高于垂向分量的精度，且对测点水平位置要求的精度低于垂向位置的精度，因此在卫星测高中主要研究径向轨道误差，卫星轨道的径向位置是确定测点径向位置的基准。

早期的卫星测高任务，如 20 世纪 70 年代的 GEOS-3 卫星最初的径向轨道误差为 5m，SEASAT 为 1.5m；20 世纪 80 年代的 GEOSAT 为 0.4m；新一代测高卫星，如 T/P 和 ERS-2，径向轨道精度已比最初提高了两个量级，达到或优于 5cm 的水平。径向轨道误差影响已经不是一个特别突出的问题，但仍然有其重要性，因为我们在利用早期卫星测高资料时，必须利用新的地球重力场模型并联合高精度的 T/P 测高数据削弱其径向轨道误差影响。

轨道误差主要由以下原因引起：轨道计算采用的地球重力场模型的分辨率和精度；地面跟踪站的坐标误差以及跟踪系统的误差；轨道计算中的模型误差。跟踪站的地心坐标是利用全球观测技术测定的，精度处于不断改进中，目前已达 2~4cm 水平，跟踪系统已同时采用多种技术，如 SLR、DORIS 和 GPS，在新一代卫星上已装有 GPS 接收机，这成为精密定轨的主要保障。轨道计算的模型误差主要是力模型误差，其中主要来源于重力模型；其次是太阳辐射压模型误差，包括直接影响和间接影响。直接影响是辐射压作用在卫星运动方向上，几个小时可达 10m 以上，其精确模拟取决于卫星表面形状；间接影响是地球表面反射到卫星上的辐射压，由于地球表面环境复杂，其影响难以模拟，但在大多数情况下其影响小于直接影响的10%。这类误差影响主要通过精密轨道跟踪技术来控制。对径向轨道误差的谱分析表明，其误差主要分布在1cpr的波段上，即卫星绕地球一周的周期上，可采用简单的截距—斜率式或三角函数模拟短弧径向轨道误差，并通过交叉平差加以削弱(翟国君，1997)。

5.2.2.2 测高误差

测高误差指的是测高仪发射的脉冲信号在其传播路径上受到的干扰和歪曲，包括仪器偏差和介质对传播的影响，或称介质传播路径误差。

仪器偏差主要包括：

(1)信号跟踪器系统偏差

信号跟踪器系统偏差简称跟踪器偏差(Rummel，1993)，是跟踪器对回波波形离散采样校准产生的系统性偏差。由于采用的现场跟踪器算法是假定测高仪无径向加速度(高度呈线性变化)，当测高仪在轨高度变化有加速度时，如经过一个窄的海沟上空时，必须补偿一个相应的高度偏差。

(2)回波波形放大校准偏差

回波波形放大校准偏差是指接收信号的放大程度随观测表面变化而变化产生的偏差。仪器的自动放大控制器用于补偿信号衰减，但回波强度的快速变化使跟踪脉冲的上升边位置回路产生错误，从而导致校正误差。

(3)平均脉冲形状的不确定性与时间标志偏差

用于计算平均回波的脉冲是随机变化的，且有不确定性，因此产生返回脉冲形状偏差。平均后所余残差将导致测量噪声，微波仪部件的老化和长期的钟漂也将导致测高误差。钟漂可将测高仪上的钟同其他参考钟对比确定，由于仪器老化导致的测高偏差可利用测高仪内部校正模式补偿。

仪器偏差还有雷达天线相位中心与卫星质量中心之间的偏离，测高仪电子线路中的传播延迟，雷达波束方向偏离垂直方向(天底误差)，以及天线采集模式偏差等。

传播路径上的误差主要包括：

（1）电离层折射误差

电离层位于离地面 60～1000km 高度处，测高卫星轨道高度都高于 700km，电离层含有一定密度的带电等离子体，雷达微波脉冲信号经过电离层产生折射效应，导致信号传播延迟。其折射率与大气电子密度成正比，与信号频率平方成反比。电子密度取决于太阳及其他天体的辐射强度，也与季节和地理位置有关，其中太阳黑子活动强度影响最大。14GHz 频率的电磁波信号受到的电离层折射影响范围为 5～20cm。电离层改正可用双频微波仪测得，例如，T/P 卫星采用了双频微波仪（5.3GHz 和 13.6GHz）。比较 T/P 卫星 ku 波段和 C 波段返回时间可准确估计电子总量（TEC），并由此确定测高改正量。对其他测高卫星，TEC 可由监测太阳的活跃性和描述太阳辐射对电离层影响的模型作出估计，也可由双频跟踪系统如 DORIS 或 PRARE 得出。

（2）对流层影响

对流层是近地面约 40km 范围的大气层，占大气层质量的 90% 以上。信号传播路径上大气折射率的变化使路径产生弯曲，对流层折射影响为 2～3m。使用适当的大气层折射模型可以几厘米的精度进行改正，若卫星上安装了水汽辐射计测得信号路径上的水汽含量，可作更精密的改正。根据气象卫星观测的全球水汽场资料，大气折射延迟改正的精度可达 2cm。

（3）海况电磁偏差影响

这是信号的平均散射面与平均海面之间的系统偏差。通常海浪的波谷较"平坦"，对信号有较高的反射率，而波峰较"尖锐"，反射率低，使测高仪接收的回波功率大部分来自波谷，偏离平均海面，使 h_a 测量值偏大，即海面高 h 系统偏小，这种偏差称为电磁偏差（EMB_{ias}）。其量值与有效波高（SWH）大致呈正比关系，即 $\delta h_{EMB_{ias}} = k\,SWH$，$k$ 值为 0.02～0.07。有效波高定义为最大波高（波峰与波谷的距离）1/3 处的平均值，用 $H_{1/3}$ 表示，设海面位移的方差为 σ^2，则通常取 $H_{1/3} = 4\sigma$。电磁改正也有多参数模型，例如

T/P 卫星采用四参数模型，其中考虑了风速的影响。对于 SWH = 10m 的粗糙海面，改正数可达 70cm，对于 SWH = 0.5m 的平静海面，改正数可达 3.5cm。

5.2.2.3　海面高时变误差

对确定平均海面(理论上不随时间变化)来说，在测高数据的处理中，所有相对于平均海面的时变部分都应消除，这个时变部分总称为时变海面地形 ζ_t(见图 5-1)，主要包括潮汐作用引起海面高的周期性变化、非稳态(与时间相关)海流，以及海面大气压变化产生的附加时变海面地形。潮汐是时变海面高的主要部分，卫星测高所观测到的海面潮汐变化为绝对的地心潮，其中包括海洋潮汐、固体潮和负荷潮影响。在几种潮汐现象中，海潮的量值最大。每一类潮汐现象的影响都有较精密的计算模型，对于开阔海洋精度均可达厘米级，但对于近岸海域，限于海潮的复杂性，改正的精度较低，需发展局部海潮校正模型。稳态海流即全球大洋环流，流速稳定，由稳态海面地形维持。有多种非稳态海流，流速随时间的变化而变化，并引起海面高的变化，包括中尺度涡旋、黑潮、赤道流、西部和东部边界流、湾流等，其影响一般难以精确模拟。例如中尺度涡旋，其生成的位置和持续时间(一般为几个月)都不确定，而且在时间平均值中不能完全消除对平均海面高的影响，这方面目前还缺乏深入研究。海流是动力海洋学研究的主要问题，海洋学家根据流体动力学原理和海洋观测数据试图给出描述各类海流的模型，但限于物理海洋观测数据目前还不完善，一般局限于定性研究。卫星测高数据包含丰富的海流信息，对此已有不少研究成果，如利用卫星测高数据研究墨西哥湾流。随着海洋观测技术和观测网站的发展，联合卫星测高数据，未来有望出现量化的精密非稳态海流模型，提供给大地测量应用。海面大气压的变化产生一种附加的时变海面地形，气压增大，海面降低，故称逆气压效应，通常气压变化 100Pa，海面高变化 1cm。通常需要设定一个"标准"海面大气压，例如取全球海面大气压的平均值 101325Pa，据此导出逆气压改正模型。例如，IB（逆气压改正）＝ $-9.948(P-1013.25)(\text{mm})$，其中 P 为现场气压，可由海洋大气信息中心提供，或用海洋大气模型近似计算。气压变化引起全球海面形变为 10～50cm，而区域性效应只有几厘米。

5.2.3　海面地形及可分离性

瞬时海面相对于大地水准面的起伏统称为海面地形，其中包括时变部分和稳态部分，前者通常指瞬时海面相对平均海面的起伏变化 ζ_t（或用 $\Delta\zeta$ 表示），后者是平均海面相对于大地水准面的起伏 ζ_s（见图 5-1），称为稳态海面地形。海水面受两种力的作用，一种是地球物质的引力，属保守力，仅在此力作用下，海洋面为流体静力平衡面，也是一个重力等位面（包括离心力位），即大地水准面；另一种作用力，诸如风应力、海水压强梯度力、地转偏向力（科氏力）、热力、摩擦力等，属于非保守力，它使海水发生运动并处于一个动力过程，使海面保持某种动力平衡状态，形成海水有一定规律的定常流动。海面不同点之间存在位差，表现为海面相对一个等位面（大地水准面）存在高低起伏，即海面地形，如同陆地地形起伏。稳态海面地形产生于全球分布的有稳定流速的平均海流，通常称大洋环流，主要由地球表面有规律的风带产生。这里的所谓"稳态"，指在一个较长的历元内保持相对稳定。海水压强梯度力与地转偏向力共同作用产生的地转流，包括倾斜流和梯度流。前者产生于假定海水密度均匀，由于某种原因，海面相对水平面有一恒定倾角，在倾斜的海面相邻两点存在压强差，有压强梯度力存在，方向由高压点指向低压点，在此力作用下，海水质点发生运动，科氏力随之同时发生，其合力不断偏转，海水流向不断偏转，当偏转至与海面倾斜方向垂直时，科氏力与压强梯度力达到平衡，此时水质点做匀速运动，成为定常流动的倾斜流；后者产生于海水密度不均匀的海区，若在大洋深层存在一个水平等压面，该面上流速为零，称为零面，其上层海水密度水平分布不均，即在一个水平面上两点之间存在密度差，会引起零面以上等压面的倾斜，类似于倾斜流，此时发生海水流动，同样在科氏力作用下达到平衡。流速与等压面相对水平面的倾角有关，倾角大则流速大，其流向在北半球指向等压面下倾方向右侧 90°，在南半球指向等压面下倾方向左侧 90°，均与倾斜方向垂直。海流速度与海面地形有以下简单关系：

$$V_x = -\frac{g}{f}\frac{\partial \zeta}{\partial x}, \quad V_y = -\frac{g}{f}\frac{\partial \zeta}{\partial y} \tag{5-14}$$

式(5-14)中，g 为重力加速度；f 为科氏参数；$f = 2\omega\sin\varphi$；ω 为地球自转角速度；φ 为纬度。

海洋学家可以根据海水运动的动力学方程利用物理海洋观测数据求解海流的分布。Levitus(1982)应用美国国家海洋数据中心提供的数据，主要包括现场测定的海水温度、盐度和含氧量等，以及由此确定的海水压强和密度分布，通过解算海水地转流方程，首次获得由实测海洋数据计算的全球动力海面地形数值模型，分辨率为 1°×1°。这个模型早期曾用于对平均海面作海面地形改正，以确定大地水准面。该模型的主要缺陷是数据不完善，存在数据区域偏差和数据空白区，观测时间不集中，非真实长期平均值，这是受过去的海洋现场观测技术条件所限，即使使用现代先进的观测技术，而且观测网站也有所增多，但对占地球面积 2/3 的浩瀚海洋，人们也只能望洋兴叹。在目前条件下，要用纯海洋学的方法确定一个精密可靠的全球海面地形模型还十分困难。海洋学家声称，在最好的情况下，用海洋观测数据计算的海面地形精度不会高于 10cm。卫星海洋遥感技术的发展为海洋动力学的研究带来希望，但目前的海洋遥感技术基本上限于获取海洋表面物理信息，如用红外技术感测海洋表层温度，对海洋的深层还难以触及。就确定全球海面地形来说，海洋学家正在期待着大地测量学家提供精确的海洋大地水准面(Rummel，1993)。

利用长周期(例如 10 年)高分辨率、高精度的卫星测高数据，可以确定全球精细的平均海面，为大地测量确定精密海洋大地水准面提供基础数据。如何把平均海面高 h_m 分离为大地水准面高 N 和海面地形 ζ_s，是一个长期困扰大地测量学家的难题。目前大地测量学家大致提出并研究了四种分离大地水准面和海面地形的方案。

第一种方案是采用一个与卫星测高数据无关的纯卫星低阶($n=36$)位模型，确定相应的长波模型大地水准面，精度为 $10\sim20\text{cm}$，由此分离出长波海面地形。这个方法第一个不足之处是，其精度不能满足目前海洋学深入研究的需要，前述的海洋学方法也能达到这一精度；第二个不足之处是，低阶截断导致中、高频分量和低频分量的混叠，降低了低阶模型的可靠性和准确性。更有甚者，有文献指出这类模型即使是最好的，其实际精度也不会优于 1m，甚至有数米不确定性(Seeber，1993；Rummel，1993)，而 ζ_s 本身的量级为 $1\sim2\text{m}$。

第二种方案就是"整体求解"方法，即利用残差海面高观测数据[见式(5-12)]同时求解大地水准面的改正项 ΔN^c、径向轨道误差 ε_r 和 ζ_s 的球谐展开系数。20 世纪 80 年代，Tapley 等一大批研究者比较成功地尝试了这个方法的应用。Rummel 在理论上作了仔细的研究，指出整体解法利用了这样一个事实，即式(5-12)中的 ΔN^c、ΔN^0 只与 ε_r 相联系，而与 ζ_s 无关。他把式(5-12)中 N 和 ζ_s 的球谐展开式从地固赤道坐标系变换到卫星轨道坐标系，ε_r 也在这个坐标系中展开，将重力位系数和海面地形球谐展开系数作为待定参数，这样得到了式(5-12)在卫星轨道坐标系的观测方程，由此组成观测方程的系数矩阵(设计矩阵)。其元素包含了卫星轨道参数，用 A_{lm}(GRAVITY)表示与待求位系数对应的矩阵元素，用 A_{lm}(STT)表示与待求海面地形球谐展开系数对应的矩阵元素，其中 l 和 m 表示球谐展开的阶次，由此他定义了一个可分离性测度 $P_{lm}=A_{lm}$(GRAVITY)$/A_{lm}$(SST)，并证明当 $P_{lm}=1$ 时，N 和 ζ_s 完全相关，不可能分离；当 $P_{lm}>1$ 时表示可分离，并分别对 GEOSAT、ERS-1 和 TOPEX/Poseidon 卫星用各自的轨道参数解算了所有 $P_{lm}>1$ 的阶次 l 和 m，绘制了相应的可分离性图像，显示只在一些特定的频率(阶次)上的位系数与海面地形展开系数是可分离的。这些频率正好是一些共振频率，当扰动位函数的某些频率等于或接近于描述卫星运动的齐次偏微分方程的本征频率时，将产生共振现象，此时卫星受着同一频率摄动力的持续作用，表现为卫星轨道摄动将对这些频率上的摄动力特别敏感，反映在系数矩阵 A_{lm}（GRAVITY）中对应元素出现奇异性急剧增大，使 $P_{lm}>1$。这些共振频率 $(n_r，m_r)$ 连成一些或长或短的线，称共振频线。因此只有在非常接近一些共振频线的那些阶次，N 和 ζ_s 是可分离的。但由于所研究的三种测高卫星轨道确定的共振频线各自都不超过四条，可分离的位系数非常有限，由此认为用整体解法导出的海面地形球谐展开模型有可能是很失真的，这种方法的价值在于可以定性地研究 N 和 ζ_s 在某些波长段的可分离性。

第三种方案是用海洋动力学方法求解海面地形。如前文所述，目前要获取完善的海洋观测数据还很困难，如 Levitus 模型利用现有海洋观测资料得到的海面地形达不到要求的精度，但这一方法仍在试验研究中。

第四种方案是联合卫星测高数据和海洋观测数据按海洋动力学方法求解海面地形。联合卫星测高数据可以弥补海洋观测数据的不足，测高数据和海洋数据是反映海洋状态的两类不同性质的海洋信息，在海洋学中目前广泛研究的数据同化（Data Assimilation）方法可作为这种联合解的基本方法。数据同化的含义是（Morrow et al.，1995；韩桂军，2001）：根据一定的优化标准和方法，将不同空间、不同时间、采用不同观测手段获得的观测数据与描述过程发展的数学模型有机结合，纳入统一的分析与预测系统，建立模型与数据相互协调的优化关系。Morrow 等（1995）利用卫星测高、海面漂浮流速计和海洋水文的数据，按数据同化方法，用准地转流模型计算了大西洋东北的亚速尔海流，其中测高数据用的是 ERS-1 35 天的重复轨道数据，获得了较好的结果。海洋动力法使求解的海面地形满足海洋动力学的力学原理，测高数据的利用使海面地形满足了与大地水准面之间关系的几何约束，进一步考虑可将式（5-12）作为约束条件，与地转流方程或其他海洋动力方程一道解算，将海洋学方法和大地测量方法，或者说动力方法与几何方法有机地结合起来，并研究数据同化方法的利用。这一分离方案应该是比较严格且合理的，但目前还处于研究试验阶段，需要进一步解决两类数据的最优同化问题以及将海洋动力方程归化到大地测量参考系中。

上述讨论的分离大地水准面和海面地形的几种方法，在利用卫星测高数据确定海洋大地水准面和海洋重力场的计算中并未被实际应用，相反，被用于最大限度地削弱或消除海面地形的影响。海面地形和大地水准面有相似的频谱特性，主要谱能集中在长波频段，显示长波特性，短波量级微小，因此在小尺度上，例如 10~20km，海面地形可视为常数，利用平均海面高测高剖面，沿两条交叉轨线，用海面高的一阶有限差分计算交叉点的垂线偏差，再由垂线偏差数据计算大地水准面或重力异常，可以认为基本上不受海面地形的影响。这是一种间接分离海面地形的方法，是目前已普遍采用的有效方法。从这个意义上来说，用大地测量方法从卫星测高数据中分离海面地形和大地水准面，并非完全不可能。

关于高精度地严格分离海面地形和大地水准面，大地测量学者目前还不能期望海洋学提供有效的海面地形模型，特别是在近岸浅海区域，用海洋学方法困难更大，例如熟知的海洋水准（或称位水准）方法在海深浅于 500m 的海域就不能应用；采用地转流方法时需要测定海流的定常流速分布，要排除诸如潮流或其他局部干扰流速的影响，这在技术上也有困难。

5.2.4　区域海潮模型

确定平均海面应消除潮汐的影响，而改正模型的误差直接影响到测高海洋大地水准面的精度，在卫星测高数据预处理中，潮汐改正是主要改正项，量值可达米级，可采用一种全球潮汐模型进行潮汐改正，这种模型在开阔海洋有较高的精度（厘米级），而在近岸海域则可能存在较大误差，例如在我国南海，由全球模型计算的潮高和实际潮高之差可达 50cm。由于近岸海域海水的潮波运动与局部地形密切相关，要比开阔海洋复杂得多，其局部特征很难用一个全球模型来模拟。开阔海洋潮差（海潮涨落之差）一般在 1m 左右，而近岸海域潮差可达数米，并常呈现明显的局部特征。我国黄海沿岸潮差大都在 3~4m，在黄海和渤海，东岸的潮差比西岸大，朝鲜半岛西岸不少地方潮差在 8m 以上，渤海潮差在 3~4m，东海西侧中国沿岸，等潮差线几乎与海岸线平行，且越近大陆，潮差越大，福建沿岸潮差为 6m 左右，浙江温州湾潮差可达 8m，南海北岸潮差较大，广州湾附近约 3.5m，而海南岛东岸只有 1.8m，整个南海北部湾潮差最大为 5m。以上数据反映我国海域潮汐的局部特征，潮波运动比较复杂，因此，在确定我国局部海域测高大地水准面时应考虑建立局部海潮模型，对全球海潮模型进行校正。

每一个海洋国家都要编制主要港口、海湾和航道潮汐信息的潮汐表，据此可进行潮汐预报，为港口作业、海运、海洋生产以及海事活动服务。这些表就是一些局部海区专用的潮汐模型，是根据这些地区验潮站的长期水位观测资料分析计算得到的，主要是对潮高观测值进行调和分析求解各主分潮波的平均振幅和迟角，称为调和常数，是一种单点的潮汐数学模型。这类潮汐模型用于潮时和潮高预报时精度要求都不高，推算的潮时差通常有 20~30min 的偏差，潮高有 20~30cm 偏差，用于海洋大地水准面计算的最大问题还在于因为不可能高密度地在海上设立验潮站，使得模型覆盖的海区非常有限，难以描述潮波参数（振幅和迟角）的空间分布。

海洋学家可以根据动力潮汐理论确定的潮波方程（偏微分方程），通过解算相应的边值问题确定潮波模型，1979 年和 1980 年出现了著名的 Schwiderski 全球海潮模型，其曾作为早期卫星测高数据处理采用的标准模型，该模型融入了全球 2000 余个验潮站的数据，模型结果以 11 个主潮波参数的 $1° \times 1°$ 格网数值表示。海洋流体动力学海潮模型，除偏微分形式本身的复杂性外，还需要有关的且难以可靠确定的物理参数，并需要较可靠的边界条件和水深信息，在解算时往往需作出各种近似假设，其模型的改善在很大程度上仍依赖于直接观测数据（暴景阳等，1999）。

　　卫星测高技术的出现为建立全球潮汐模型提供了一个巨大的海洋潮汐信息源，其效果相当于在全球海洋布设了一个高密度的验潮网络，由卫星测高"观测"得到的瞬时海面高，也是海洋水位观测数据。为对海上一固定点进行潮汐分析，必须有在该点的多次瞬时海面高采样数据，而执行精密重复轨迹任务的测高卫星刚好为我们提供了卫星海面轨迹点上的重复观测数据，但这个"验潮站"不能连续或以任意时间间隔观测，其采样间隔取决于卫星轨迹的重复周期，因而根据这样的固定点采样数据进行潮汐分析受这种特定采样规律产生的混叠效应影响。根据采样定律，设采样的时间间隔为 Δt，对于给定的采样时间序列可恢复信号的最高频率为 Nyquist 频率，即 $1/2\Delta t$，对应的信号周期为 $2\Delta t$。例如对 T/P 卫星来说，能直接恢复的信号周期大于 20 天（最高频率 0.0504 周/天），远大于作为潮汐主体的半日分潮和全日分潮，小于 20 天周期的分潮信号将混叠到长于此周期的频段上，根据谱分析理论，混叠频率对应的最小周期为混叠周期，用 T_a 表示，计算公式为：

$$T_a = \frac{360°\Delta t}{\mathrm{Mod}\left(\dfrac{\sigma\Delta t}{360°}\right)} \tag{5-15}$$

　　式（5-15）中，σ 为被混叠的高频信号的角速度 $[(°)/h]$，Mod 为求余算符，即一数被一整数除的余数，分母表示原分潮在采样间隔内变化不足一周的部分，主要取值区间为 $[-180°，180°]$。由式（5-15）可计算各分潮对 T/P 卫星的采样周期 $\Delta t = 9.9156$ 天的混叠周期。在此我们给出 12 个主分潮的混叠周期，其中包括半日分潮、全日分潮和长周期分潮各 4 个，当然，对近海的潮汐研究还包含一些浅水分潮。表 5-1 列出了 12 个主分潮的混叠周期。这里的 S_a 和 S_{sa} 两个分潮实际上不是天文潮，而是海面在气象等因素作用下的年周期和半年周期变化，在此，我们把它们作为分潮看待，并一起计算，这是因为在近海它们有较大的幅值，而且由于测高数据的混叠作用，它们很容易对其他分潮产生干扰，影响其他分潮的分析结果。

表 5-1　12 个主分潮在 T/P 海面轨迹上采样的混叠周期

分潮	S_a	S_{sa}	M_m	M_f	Q_1	O_1
角速率 $\sigma/(°) \cdot h^{-1}$	0.041	0.082	0.544	1.098	13.40	13.94
混叠周期/d	365.3	182.6	27.6	36.2	69.4	45.7
分潮	P_1	K_1	N_2	M_2	S_2	K_2
角速率 $\sigma/(°) \cdot h^{-1}$	14.96	15.04	28.44	28.98	30.00	30.8
混叠周期/d	88.9	173.2	49.5	62.1	58.7	86.6

根据 Rayleigh 准则，两个频率（对应周期为 T_i 和 T_j）的潮汐信号由采样数据实现可靠分离所需的观测时间长度 T' 应满足：

$$T' \geqslant \frac{T_i T_j}{T_i - T_j} \tag{5-16}$$

此即决定了分潮间可分离的 Rayleigh 周期。

根据式（5-16）和表 5-1，实现这 12 个主分潮两两分辨各自所需的基本分辨观测时间，略去详细的计算表列（暴景阳等，2000），可算出 S_a 和 M_m、S_{sa} 和 K_1、P_1 和 K_2、M_2 和 S_2 所需的基本观测时间分别为 0.08 年、9.21 年、9.17 年、2.97 年。

这是对一个采样点进行的理论分析结果，但对测高轨迹在全球海洋构成的采样网络来说，其采样的时空规律与单点采样的情况发生了复杂的变化，在交叉点上，上升弧和下降弧的时间间隔在 5 天以内，而且，不同纬线的交叉点上交错时间不同。T/P 卫星相邻平行轨迹同纬度的两采样点的采样时间间隔约 3 天。这样，当我们把轨迹的交叉点或将一个区域（宽度不小于平行轨迹间距）等效为一个验潮站时，复杂的"等效采样"规律（超越了等间隔采样限制）显然有利于分潮的分离。为了对此问题进行量化分析，本书从另一个角度研究了分潮的可分辨性，即从调和分析的最小二乘解来考虑这个问题，可分辨性必然会反映在法方程的数学性质上，如果有一对分潮分辨性差或不可分辨，则法方程的条件数必然过大，甚至是奇异的（亏秩）。式（5-17）给出了新的可分辨性准则：

$$Cond(N) = \parallel N \parallel_2 \ \parallel N^{-1} \parallel_2 = \frac{\lambda_{max}}{\lambda_{min}} \leqslant 10 \qquad (5-17)$$

式(5-17)中，N 为法方程系数矩阵，λ 是该矩阵的特征值，$\parallel \cdot \parallel$ 为欧氏范数。式(5-17)是非病态矩阵通常公认的准则。试验结果表明，选取 S_a、S_{sa}、Q_1、O_1、P_1、K_1、N_2、M_2、S_2、K_2 10 个分潮，对 T/P 卫星在 12 个不同纬度的交叉点一年的数据进行分析，在纬度 34.82° 的交叉点上，条件数为 42.02，显然过大。两年的数据，则所有交叉点法方阵条件数都满足准则要求，最大值在纬度为 5.94° 的交叉点上，其值为 3.64，表明法方阵的结构已相当好。对于 S_{sa} 和 K_1，或 P_1 和 K_2，要求的分辨时间从 9 年缩短到 2 年。若采用邻近的平行轨迹或者这种平均作用扩大到一定面积，甚至包括更多的交叉点，总法方阵的性质还有望进一步得到改善。当然，此时为避免平均处理对潮汐场的过度平滑作用，应考虑用更复杂的模型场分块或区域表示。

正是在测高数据提供大量的"验潮站"网络观测资料的基础上，近十几年来全球海潮模型有了空前的发展，有效解决了大洋潮汐的观测问题，但在边缘海、半封闭海用测高数据获得的潮汐模型与实际观测值之间还有很大差距，因此，改善全球潮汐模型的近陆海域部分成为海洋界和大地测量界及地球物理界共同关心的问题之一。

1990 年，Cartwright 和 Ray 利用 2.5 年 GEOSAT/ERM 数据建立了第一个完全采用测高数据的全球潮汐模型，简称 CR 模型。据应用比较，CR 模型和 Schwiderki 模型(简称为 Sch 模型)整体精度相近，这两个模型曾并列用于卫星测高数据的潮汐改正。1992 年 10 月，T/P 卫星升空运行，主要任务是研究海洋动力现象，定轨和测高精度都达到了几厘米的水平，设计的轨道重复周期比 GEOSAT 卫星的 17 天更有利于恢复上述主分潮，随后众多研究者开展了用 T/P 卫星数据建立全球或区域海潮模型的工作，取得了丰富成果，仅 1994 年到 1995 年就提出了 10 余个全球海潮模型，现将根据卫星测高数据获得的全球海潮模型和其他著名全球海潮模型列于

表 5-2。

表 5-2 部分全球海潮模型

模型	年份	方法	分辨率	精度/cm
FES95. 1/2. 1	1995	非线性方程同化 CSR2. 0	0. 5°×0. 5°	2. 73
Mazzega	1994	T/P 与验潮站数据最小二乘配置	0. 5°×0. 5°	2. 88
TPX0. 2	1994	T/P 交叉点分析数据同化于线性动力方程	0. 58°×0. 70°	3. 14
RSC94	1994	基于 T/P 数据响应分析模式 Proudman 函数展开	1°×1°	2. 94
CSFC94A	1994	基于 T/P 数据与 Sch 偏差的 Proudman 函数展开	2°×2°	3. 29
CSR3. 0	1994	T/P 数据响应分析改进 AG95. 1 和 FES94. 1	0. 5°×0. 5°	2. 61
DW95. 0/0. 1	1994	T/P 数据 bin 法响应分析	1°×1°	2. 88
Knudsen	1994	基于 T/P 数据调和参数球谐展开	1°×1. 5°	3. 39
Rapp	1994	基于 T/P 数据调和参数球谐展开	1°×1. 5°	3. 08
SE95. 0/. 1	1995	T/P 数据 bin 法调和分析改进 FES94. 1	0. 5°×0. 5°	2. 53
AG95. 1	1995	T/P 与验潮数据同化非线性方程解	0. 5°×0. 5°	2. 75
ORI	1995	T/P 交叉点调和分析流体动力学内插	1°×1°	3. 25
Kantha. 1/. 2	1995	T/P 加验潮数据与 DW 模型同化	0. 2°×0. 2°	3. 16

在建立全球模型时，往往使用海区内一定空间区域的测高值或其内插值，解得具有平均意义的潮汐参数，进而构造全球范围内的模型。在建立局部潮汐模型时，为避免空间平均效应的过度平滑作用，同时合理利用所有观测数据，建立了采样区内统一的潮汐场空间分布模型，每个观测数据均可视为对该模型的采样，将直接估计潮汐参数转换为对此模型的参数估计问题。

设在时刻 t，点 (φ, λ) 处某一分潮潮高为 $h_T(\varphi, \lambda, t)$，可表示为经振幅和初相角校正的单频振动：

$$h_T(\varphi, \lambda, t,) = fH(\varphi, \lambda)\cos[\sigma t + \chi(\lambda) + u - g(\varphi, \lambda)] \quad (5-18)$$

式(5-18)中，H 和 g 分别为分潮的振幅和格林尼治迟角，即分潮调和常数，σ 为分潮角速率，t 为相对于参考时刻的时间，χ 为参考时刻分潮的平衡潮天文相角，f 和 u 分别为交点因子和交点订正角。把调和常数变换为余弦分量和正弦分量：

$$\begin{cases} U = H\cos g \\ V = H\sin g \end{cases} \tag{5-19}$$

由此，8 个分潮分别为 Q_1、O_1、P_1、K_1、N_2、M_2、S_2 和 K_2 的瞬时海面高观测方程可表示为：

$$h(t) = \bar{h} + \sum_{i=1}^{8} [f_i\cos(\sigma_i t + \chi_i + u_i)U_i + f_i\sin(\sigma_i t + \chi_i + u_i)V_i] + \varepsilon = \boldsymbol{P\alpha} + \varepsilon \tag{5-20}$$

式（5-20）中，$\bar{h}$ 为测点平均海面高，ε 为扰动与观测噪声的综合影响，

$$\boldsymbol{P} = [1, f_1\cos(\sigma_1 t + \chi_1 + u_1), f_1\sin(\sigma_1 t + \chi_1 + u_1), \cdots, f_8\sin(\sigma_8 t + \chi_8 + u_8)] \tag{5-21}$$

$$\boldsymbol{\alpha} = (\bar{h}, U_1, V_1, \cdots, V_8)^T = (\alpha^1, \alpha^2, \cdots, \alpha^{17})^T \tag{5-22}$$

这里 $\boldsymbol{P}$ 是观测方程的系数向量，$\boldsymbol{\alpha}$ 是待求参数向量。将 $\boldsymbol{\alpha}$ 的各分量用地理位置的函数模拟：

$$\alpha^i = f(\varphi, \lambda) \tag{5-23}$$

采用多项式模型：

$$\alpha^i = \alpha_0^i + \alpha_1^i \Delta\lambda + \alpha_2^i \Delta\varphi + \alpha_3^i \Delta\lambda^2 + \cdots + \alpha_9^i \Delta\varphi^3 = \boldsymbol{Q\beta}^i \tag{5-24}$$

式（5-24）中

$$\boldsymbol{Q} = (1, \Delta\lambda, \Delta\varphi, \cdots, \Delta\varphi^3)$$

$$\boldsymbol{\beta}^i = (\alpha_0^i, \alpha_1^i, \alpha_2^i, \cdots, \alpha_9^i)^T$$

$$\Delta\varphi = \varphi - \varphi_0, \quad \Delta\lambda = \lambda - \lambda_0$$

(φ_0, λ_0) 为拟合节点。将式（5-24）代入式（5-20），得

$$h^j(t) = \boldsymbol{P}^j [\boldsymbol{Q}^j\boldsymbol{\beta}]^T + \varepsilon_j \tag{5-25}$$

式（5-25）中，$j(j = 1, 2, \cdots, n)$ 为测点号，$\boldsymbol{\beta}(\boldsymbol{\beta} = \boldsymbol{\beta}^1, \boldsymbol{\beta}^2, \cdots, \boldsymbol{\beta}^{17})$ 为 10×17 阶矩阵，定义以下两个向量：

$$\boldsymbol{X} = (\boldsymbol{\beta}^{1T}, \boldsymbol{\beta}^{2T}, \cdots, \boldsymbol{\beta}^{17T})^T \tag{5-26}$$

$$\boldsymbol{A}_j = \boldsymbol{P}_1^j\boldsymbol{Q}^j, \boldsymbol{P}_2^j\boldsymbol{Q}^j, \cdots, \boldsymbol{P}_{17}^j\boldsymbol{Q}^j \tag{5-27}$$

展开式（5-25）右端矩阵乘积，顾及以上两式，可得矩阵观测方程：

$$L=BX+\Delta \tag{5-28}$$

其中

$$\begin{cases} L=(h^1, \ h^2, \ \cdots, \ h^n)^T \\ B=(A_1, \ A_2, \ \cdots, \ A_n)^T \\ \Delta=(\varepsilon_1, \ \varepsilon_2, \ \cdots, \ \varepsilon_n)^T \end{cases} \tag{5-29}$$

在最小二乘意义下求解式（5-28），即求得待求参数：

$$X=(B^TB)^{-1}B^TL \tag{5-30}$$

X 即式（5-24）的模型系数 $\alpha_k^i(i=1, 2, \cdots, 17; k=0, 1, 2, \cdots, 9)$。由式（5-22）和式（5-19）可得

$$H_i=H_i(\varphi, \ \lambda)=\sqrt{U_i^2+V_i^2} \tag{5-31}$$

$$g_i=g_i(\varphi, \ \lambda)=\arctan\left(\frac{V_i}{U_i}\right)(i=1, 2, \cdots, 8) \tag{5-32}$$

式（5-31）和式（5-32）即第 i 分潮的振幅和迟角空间的分布模型。本书对计算结果进行了外部检核。其中一项是和 9 个岛验潮站及英国潮汐表中的 14 个沿岸验潮站的已知潮汐参数进行比较，前者振幅差数的中误差小于 2cm，后者小于 5cm。迟角中误差前者大都在 10° 之内，个别大于 20°，后者在 10° 左右，个别达 28°。与全球海潮模型也进行了比较，由潮波图结果显示，Schwiderski 模型在中国南海广阔水域偏差较大，如 M_2 波的振幅比海区内验潮站观测计算值大 2~3 倍，最大的可达 50cm。与表 5-2 中的 SE95.0/.1 模型比较，M_2 偏差的均方值为 11cm，为 8 个分潮中最大的，表现为系统误差性质，其余 7 个分潮偏差均不超过 5cm。

5.2.5 交叉点平差和共线平差

5.2.5.1 交叉点平差

卫星从南半球向北半球运行在地面的投影轨迹称为升弧，从北半球向南半球运行的投影轨迹称为降弧。卫星绕地球运行经过一定的周期将在地

面形成一个由升弧和降弧织成的菱形轨迹网络，并覆盖由卫星倾角确定的对称于赤道的球带区域。升弧与降弧相交的点称交叉点，即轨迹网络的节点。在交叉点上可分别用升弧和降弧的测高数据算出两个海面高值，若没有任何误差影响，理论上这两个值应严格相等，实际上测高过程和采用的计算模型存在多种误差源（见第 5.2.2 节），这两个海面高必然出现不符值。大部分误差影响可以用模型对测高值进行改正，但其中的轨道径向误差没有改正模型，因为只有当用于定轨的力模型，特别是重力位模型，有了新的更精密的模型代替原有模型才能改正或重新计算轨道。假定已对测高数据作了除径向轨道误差外的其他物理环境的改正，包括潮汐改正，那么交叉点上海面高的不符值主要反映径向轨道误差。

早期测高卫星定轨精度较低，径向轨道误差是数据处理中要考虑的主要误差。利用交叉点的闭合差对海面高观测值进行平差，是削弱或消除径向轨道误差的基本方法，称交叉点平差，学术界对此进行了大量研究。同时为构建平差模型，学术界又对径向轨道误差的时域和空域特性作了深入的理论研究（Colombo，1984；Hwang，2002），揭示了测高卫星径向轨道误差的长波特性并具有显著的每转一周的谱特征，证明了径向轨道误差在空域可表示为两个部分：一部分是升弧和降弧共有的，且大小相等符号相同，这部分在交叉点平差中是不可估计的，或称是不可观测的；另一部分是升弧和降弧各有的绝对值相等但符号相反的误差，只有这部分径向轨道误差在交叉点平差中是可以估计的。这两部分在量级上相同，因此可估部分一般不会超过总误差的 50%，这是交叉点平差用于降低径向轨道误差影响的局限性之一。

交叉点平差可分为区域平差和全球平差。对区域交叉点平差，理论研究给出以下径向轨道误差模型（Wagner，1985；Rummel，1993）：

$$\Delta r = x_0 + x_1 \sin\mu + x_2 \cos\mu \quad \text{（适于长弧）} \tag{5-33}$$

$$\Delta r = x_0 + x_1 \mu \quad \text{（适于中长弧）} \tag{5-34}$$

$$\Delta r = x_0 \quad \text{（适于短弧）} \tag{5-35}$$

式中，x_0、x_1 和 x_2 为与轨道长半径 a、偏心率 e 和平近点角 M 的摄动 Δa、Δe 和 ΔM 有关的参数，在区域范围内假定是常数，是交叉点平差的待估参数，μ 为相对一个参考时间的关于 M 的时间变量，由观测时间确定。在实用中通常采用适于中长弧的模型，即式(5-34)，其中包括一个偏差项 x_0 和一个倾斜项 $x_1\mu$，据此可建立平差的观测方程。

将交叉点海面高的不符值作为观测量，采用式(5-34)的线性模型：

对于升弧

$$\widehat{H} = H_{obs}^a + x_0^a + x_1^a \Delta t^a \tag{5-36}$$

对于降弧

$$\widehat{H} = H_{obs}^d + x_0^d + x_1^d \Delta t^d \tag{5-37}$$

式(5-36)和式(5-37)中，$\Delta t = t - t_0$，t_0 为弧段起始观测时刻，t 为观测时刻，$\widehat{H}$ 为海面高的平差值，H_{obs} 为海面高的观测值，上标 a 和 d 分别表示升弧和降弧，x_0 和 x_1 是待估径向轨道误差参数。以上两式相减，得观测方程：

$$l_k^{ij} = (x_0^d)^j - (x_0^a)^i + (x_1^d)^j (\Delta t^d)^j - (x_1^a)^i (\Delta t^a)^i \tag{5-38}$$

式(5-38)中，上标 i 为升弧编号，j 为降弧编号，下标 k 为交叉点编号。上式相应的误差方程的矩阵形式为

$$V = A\widehat{X} - L \tag{5-39}$$

式(5-39)中，A 为系数矩阵，L 为观测值向量，$\widehat{X}$ 为未知参数向量，其最小二乘解为

$$\widehat{X} = (A^T PA)^{-1} A^T PL \tag{5-40}$$

式(5-40)中，P 为观测值的权阵。

平差区域最好选择以两条升弧和两条降弧为边界的菱形区（见图5-2），分别交于菱形区的4个顶点 A、B、C 和 D，升弧编号为 i($i = 1$，2，…，q)共 q 条；降弧编号为 j($j = 1$，2，…，s)共 s 条。误差方程的组成，从升弧 $i = 1$ 开始，每条降弧($j = 1$，2，…，s)和这条升弧有一个交叉点，编号为 k($k = 1$，2，…，s)，$k = 1$ 的交叉点即点 A，$k = s$ 的交叉点即点

B，对每一交叉点按式(5-38)列一个误差方程，共 s 个。对每一条弧，无论是升弧还是降弧，都只用两个参数表征其径向轨道误差，即一个偏差参数 $(x_0^a)^i$ 或 $(x_0^d)^j$，一个倾斜参数 $(x_1^a)^i$ 或 $(x_1^d)^j$，只和弧的升降及弧的编号对应，与交叉点编号无关，观测值(常数项)与交叉点编号对应。完成第一条升弧上的交叉点误差方程的组成，再依次进行升弧 $i=2$ 与每条降弧 $j=1$，2，$\cdots$，s 交叉点的误差方程的列立，依此类推，至最后一条升弧 $i=q$，列立与每条降弧 $j=1$，2，$\cdots$，s 交叉点的误差方程，与 $j=1$ 的交叉点即点 C，与 $j=s$ 的交叉点即点 D。总共要处理 $q\times s$ 个交叉点，观测向量 $\boldsymbol{L}$ 的维数为 $n=q\times s$，矩阵 $\boldsymbol{A}$ 的维数为 $n\times m$，$m=2(q+s)$，为未知参数的个数，其排列规则为

$$X=(x_{01}^a,\ x_{11}^a;\ x_{02}^a,\ x_{12}^a;\ \cdots;\ x_{0q}^a,\ x_{1q}^a\,|\,x_{01}^d,x_{11}^d;\ x_{02}^d,\ x_{12}^d;\ \cdots;\ x_{0s}^d,\ x_{1s}^d)^T=(x^a\,|\,x^d)^T$$

$$(5-41)$$

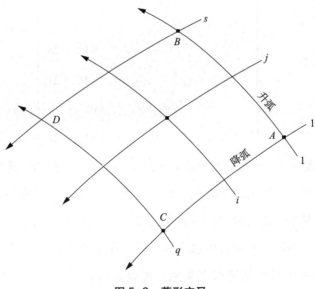

图 5-2　菱形交叉

在图 5-2 中，我们可以假定所有的升弧被同一条降弧相截得出的 q 个交叉点上，升弧的观测时间差 Δt_j^a 都近似相等，即 $\Delta t_{1j}^a = \Delta t_{2j}^a = \cdots =$

Δt_j^a，下标 1，2，$\cdots$，q 为升弧序号，j 为降弧序号；同理，有 $\Delta t_{i1}^d =$ $\Delta t_{i2}^d = \cdots = \Delta t_{is}^d = \Delta t_i^d$，$s$ 为降弧序号，i 为升弧序号。据此，系数矩阵 $\boldsymbol{A}$ 的结构为

$$\boldsymbol{A} = \begin{bmatrix} \boldsymbol{A}_a \mid \boldsymbol{A}_d \end{bmatrix} \tag{5-42}$$

$$\boldsymbol{A}_a = \begin{bmatrix} -1, & -\Delta t_1^a & & & \\ -1, & -\Delta t_2^a & & & \\ \vdots & & 0 & & 0 \\ -1, & -\Delta t_s^a & & & \\ & & -1, & -\Delta t_1^a & \\ & & -1, & -\Delta t_2^a & \\ 0 & & \vdots & & 0 \\ & & -1, & -\Delta t_s^a & \\ & & \vdots & & \\ & & & & -1, & -\Delta t_1^a \\ & & & & -1, & -\Delta t_2^a \\ & & & & \vdots \\ 0 & & 0 & & -1, & -\Delta t_s^a \end{bmatrix} \tag{5-43}$$

当观测数 $n = q \times s$ 大于未知数 $m = 2(q+s)$ 时，式（5-38）是"超定的"，即有多余观测，一般情况下有唯一最小二乘解。但交叉点网络中没有固定的海面高作基准，或者说没有一条升弧或降弧其径向轨道误差参数是已知的，是一个自由网，如同自由水准网一样，存在基准问题，固定一个交叉点需要已知 4 个径向轨道误差参数，可以证明，其法方程系数矩阵 $N = (A^T PA)$，亏秩数为 4。如果径向轨道误差用一个 n 次多项式模拟，则亏秩数为 $(n+1)^2$，因此交叉点平差是一个亏秩平差问题。

$$
A_d = \begin{bmatrix}
+1, & +\Delta t_1^d & & & & \\
+1, & +\Delta t_2^d & & & & \\
\vdots & & & 0 & & 0 \\
+1, & +\Delta t_q^d & & & & \\
& & +1, & +\Delta t_1^d & & \\
& & +1, & +\Delta t_2^d & & \\
0 & & \vdots & & 0 & \\
& & +1, & +\Delta t_q^d & & \\
& & & & +1, & +\Delta t_1^d \\
& & & & +1, & +\Delta t_2^d \\
0 & & 0 & & \vdots & \\
& & & & +1, & +\Delta t_q^d
\end{bmatrix}
\tag{5-44}
$$

已有的研究表明，对此有三种可行的处理方法。

第一种：固定弧段法。对两参数模型，固定两条平行弧段，选择网中认为精度最高的两条平行弧段；当有 n 个模型参数时，则固定 n 条平行弧段。

第二种：亏秩网平差法。即在最小二乘准则 $V^T P V = \min$ 和最小范数条件 $X^T X = \min$（或 $X^T P_X X = \min$）下求解，其解为 $\hat{X} = (A^T P A + P_s)^{-1} A^T P L$。

第三种：拟合与平差同步法。在进行交叉点平差的同时，进行测高海平面与大地水准面之间的拟合。假定已知一个模型大地水准面和一个先验海面地形，取其波长大于平差区域尺度的模型值，将观测的海面高减去大地水准面和海面地形，得残差海面高[见式(5-11)]，它包含大地水准面和海面地形的短波部分以及径向轨道误差之和[见式(5-12)]，在每一个交叉点上分别对升弧和降弧写出残差海面高观测方程：

$$
\delta h_k^i = h_k^i - N_0 - \zeta_0 = x_0^i + x_1^i \Delta t_k^i + \gamma_k^i
\tag{5-45}
$$

式(5-45)中，δh_k^i 和 h_k^i 分别表示在第 k 个交叉点上第 i 条弧（升弧或降弧）的残差海面高和海面高的观测值，N_0 和 ζ_0 分别为大地水准面和海面地形的长波模型值，x_0^i 和 x_1^i 为第 i 条弧的径向轨道参数，γ_k^i 表示波长小于第 i 条弧段长度的大地水准面和海面地形。联合式(5-38)和式(5-45)两类观测方程，按最小二乘准则求解径向轨道参数：

$$V^T P V + \gamma^T W_\gamma = \min \tag{5-46}$$

式中，W 是两曲面残差拟合所取的权，这种方法有唯一解。研究表明，适当选择相对权 W/P，有利于解算精度和可靠性的改进。

由于卫星测高地面轨迹网格的尺度随纬度升高而快速减小，因而高纬度测点密，低纬度测点稀，分布不均，当 $P=I$（单位矩阵）时，整个权重偏向于高纬度地区，平差结果将强化高纬度地区海面高，弱化低纬度地区海面高，造成一种歪曲效果。测点密度是纬度的函数，当取某一标准纬度 φ_0 处测点的观测权为 p_0 时，相应的测点密度为 n_0，则以下的定权准则可能是比较合理的，即要求：

$$np = n_0 p_0, \quad p = \frac{n_0}{n} p_0 \tag{5-47}$$

式(5-47)中，n 为纬度 φ 处的测点密度，p 为该纬度处的观测权。令 $\varphi_0 = 0°$，$p_0 = 1$，则可导出：

$$p = \frac{n_0}{n} p_0 = \frac{\sqrt{\cos^2\varphi - \cos^2 i}}{\sin i} \tag{5-48}$$

式(5-48)中，i 为卫星轨道面的倾角。式(5-48)适用于非交叉点的定权，交叉点分布与上述情况不同，但定权准则不变，只是 n_0/n 有别。以 T/P 卫星为例，交叉点可按下式定权：

$$p = \frac{n_0}{n} p_0 = \frac{N_2 \cos\varphi}{N_\varphi \cos 2°} \tag{5-49}$$

式(5-49)中，N_2 为纬度 $\varphi = 2°$ 时的密度，N_φ 为任意纬度上的测点密度。

为组成交叉点平差的观测数据，平差前需计算交叉点的位置，并分别在升弧和降弧内插交叉点的测高观测值。计算交叉点位置的方法有按轨道理论的全球算法和按轨道拟合的局域解法，对区域交叉点平差以确定交叉点位置的局域解法为宜。在同一地区，一条升弧段与一条降弧段可形成一个交叉点，也可不形成交叉点。当 $i<90°$，该弧段称为顺行轨道（与地球自转方向一致），当 $\pi>i>90°$ 则称为逆行轨道（与地球自转方向相反），对每一对逆行轨道是否可能形成交叉点可按以下两个条件作检查：

①升弧段第一点的经度应大于降弧段最后一点的经度；

②升弧段最后一点的经度应小于降弧段第一点的经度。

对于顺行轨道，上面两个条件中的"大于"和"小于"则相反。这两个条件是交叉点存在的必要条件，但非充分条件，这时要作弧段的二次项拟合来确定，首先在可能形成交叉点的附近选择若干实测点，其点位纬度 φ 和经度 λ 已知，因此可列出两个"观测"方程：

$$\varphi_i = A_a\lambda_i^2 + B_a\lambda_i + C_a \tag{5-50}$$

$$\varphi_i = A_d\lambda_i^2 + B_d\lambda_i + C_d \tag{5-51}$$

式中，A、B、C 为待求系数，i 为测点号。应用最小二乘法，可分别解得升弧段和降弧段相应的系数 A、B 和 C，之后再将 φ 和 λ 作为未知数，求解以上两个联立二次方程，由此确定交叉点位置 (φ, λ)。

5.2.5.2　共线平差

测高卫星的轨道设计除要求形成有一定分辨率的地面轨迹交叉点网络外，还要求形成有一定重复周期的重复轨迹，这是测高卫星的显著特点。它对检核观测数据的可靠性和分析各种误差影响（主要是径向轨道误差），以及研究海面变化和提高平均海面的精度，都有非常重要的作用。重复轨道的设计要求卫星从一个初始轨道上相对地球某一初始位置出发开始运行，当卫星运行了一个确定的周期（天数）后，卫星又回到初始轨道和初始位置，在第二个周期又重复第一个周期的运动，由此形成覆盖全球的一系列重复轨迹，这样沿海面的重复轨迹可获得大量的海面高重复观测值，提供了海面变化的丰富信息，由此确定的平均海面将达到很高的精度。

卫星相对于地球的运动可视为两种运动的合成，一种是卫星沿其轨道（面）的运动，另一种是轨道面以近于固定的倾角 i 绕地球自转轴 z 的运动，这是由于升交点摄动和地球自转产生的，表现为卫星轨道的最高（低）纬度点以一定的速率绕 z 轴以半径 $\pi/2-i$（或 $i-\pi/2$，当 $i>\pi/2$ 时）做圆周运动。

在图 5-3 中，设 P_0 代表轨道面某时刻初始位置，运动速率为 $\dot{\omega}_e$，S_0 为同一时刻卫星在轨道上运行的初始位置，运动速率为 $\dot{\omega}_{S_0}$，这里指的都是平均角速率。假若经过 T_R 时间段（周期），P_0 和 S_0 都同时回到原来位置，此期间 S_0 运动了 α 整圈，P_0 运动了 β 整圈，接下来的运动必然重复第一个 T_R 时段的运动，因而形成重复轨道。这个重复运动的条件可表示为

$$T_R = \alpha T_{S_0} = \beta T_{P_0} \tag{5-52}$$

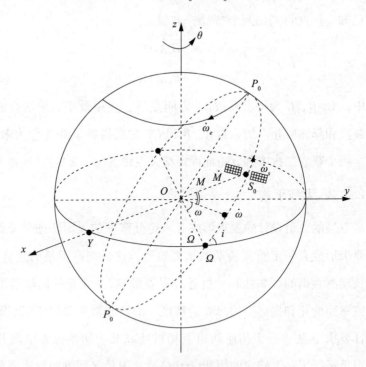

图 5-3　卫星相对地球的两种运动

式（5-52）中，T_{S_0} 和 T_{P_0} 分别为 S_0 和 P_0 运动一圈所需时间。式（5-52）

也可写成：

$$T_R = \alpha \frac{2\pi}{\dot{\omega}_{S_0}} = \beta \frac{2\pi}{\dot{\omega}_e} \tag{5-53}$$

式(5-53)中，$\dot{\omega}_{S_0}$ 为卫星 S_0 的平均角速度，$\dot{\omega}_e$ 是 P_0(轨道面)旋转的平均角速度。根据式(5-53)，这个条件又可表示为

$$\frac{\alpha}{\beta} = \frac{\dot{\omega}_{S_0}}{\dot{\omega}_e} \tag{5-54}$$

这表明，我们进行轨道设计时使这两个速率之比为两个不可公约的整数之比，即可形成重复轨迹。由图 5-3 和式(5-53)、式(5-54)，可得产生重复地面轨迹的充要条件(Colombo，1984；Schrama，1989)为

$$\frac{\dot{\omega} + \dot{M}}{\dot{\Omega} - \dot{\theta}} = \frac{\dot{\omega}_s}{\dot{\omega}_e} = \frac{\alpha}{\beta} \tag{5-55}$$

式(5-55)中，$\dot{\omega}$ 为近地点角距摄动，$\dot{M}$ 为平近点角变率，$\dot{\Omega}$ 为升交点赤经摄动，$\dot{\theta}$ 为格林尼治时角变率。T_R 称重复(覆盖)周期，表 5-3 是各类测高卫星的重复周期。

表 5-3　各类测高卫星重复周期

卫星	CEOS-3	SEASAT	GEOSAT	ERA-1	T/P	GFO
T_R/d	23	3，17	3，17	3，35，168	10	3，17

从表 5-3 中可看出，对一颗卫星可以分阶段设计 1 个、2 个或多个(一般不超过 3 个)重复周期，重复周期越长，则重复轨道越密，即分辨率越高。

共线平差数据预处理主要是计算所谓的"正常点"，即剔除由于局部海底地形产生的短波成分，其变化尺度高于所要求的分辨率，例如卫星通过某些海山、海沟和浅水区获得的数据应予删除；其次是删除误差超限的观测值，测高数据采样率大都为每秒一次，用大约每 10 秒的观测数据作直线拟合，则删除残差大于 3 倍拟合中误差的测高数据，在拟合直线中部由拟合直线计算平均海面高，即得正常点。如果拟合中误差超过 15cm，或者用

于直线拟合的有效点只有 7 个，则无正常点。

在一个重复周期内的重复轨迹理论上应严格重合，但由于不同周期受力环境变化等各种因素的影响，卫星重复轨迹并不能精确共线，轨迹之间最大可偏离 1~2km。将所有共线轨迹分为若干组，每一组选择一个参考历元，以保证由相对时间（相对参考历元）相同的点，内插出同组内每条共线轨迹的海面高、纬度和经度，再对共线轨迹进行平差，由此可解得所求点的纬度、经度和海面高的平差值。平差的观测方程为

$$l_{ij}+V_{ij}=\boldsymbol{A}(i,\ j)x_i+h_j \tag{5-56}$$

式（5-56）中，l_{ij} 为第 i 条共线轨迹第 j 个（$j=1,\ 2,\ \cdots,\ m$）内插网点的测高海面高，$\boldsymbol{A}(i,\ j)$ 为误差模型系数的行向量，x_i 为第 i（$i=1,\ 2,\ \cdots,\ n$）条共线轨迹的径向轨道误差模型的未知参数向量，V_{ij} 包括观测噪声和海面高的时变量，h_j 为平均海面高。

设第 i 条共线轨迹数据完整无丢失，则式（5-56）的矩阵形式为

$$\boldsymbol{l}_i+\boldsymbol{V}_i=\boldsymbol{A}_i\boldsymbol{X}_i+\boldsymbol{h}_i \tag{5-57}$$

但每条共线轨迹一般都有数据丢失，由此，令 $m_i(m_i\leqslant m)$ 为有测值的网点数，n_i 为第 i 个网点上的共线轨迹条数，令

$$\boldsymbol{A}_i=\boldsymbol{E}_i\boldsymbol{A},\ \ \boldsymbol{h}_i=\boldsymbol{E}_i\boldsymbol{h},\ \ \boldsymbol{P}_i=\boldsymbol{E}_i\boldsymbol{P}\boldsymbol{E}_i^T \tag{5-58}$$

式（5-58）中，$\boldsymbol{E}_i$ 为 mxm 矩阵，由同维数单位矩阵将第 i 条共线轨迹上丢失数据的网点所对应的对角元置零而得。由此，所有共线轨迹组成的误差方程为

$$\begin{bmatrix}\boldsymbol{l}_1\\\boldsymbol{l}_2\\\vdots\\\boldsymbol{l}_n\end{bmatrix}+\begin{bmatrix}\boldsymbol{V}_1\\\boldsymbol{V}_2\\\vdots\\\boldsymbol{V}_n\end{bmatrix}=\begin{bmatrix}\boldsymbol{A}_1 & & & \boldsymbol{E}_1\\ & \boldsymbol{A}_2 & 0 & \boldsymbol{E}_2\\ & 0 & \ddots & \vdots\\ & & \boldsymbol{A}_n & \boldsymbol{E}_n\end{bmatrix}\begin{bmatrix}\boldsymbol{x}_1\\\boldsymbol{x}_2\\\vdots\\\boldsymbol{h}\end{bmatrix} \tag{5-59}$$

相应法方程为

$$\begin{bmatrix} A_1^T P_1 A_1 & & 0 & & \vdots & A_1^T P_1 \\ & A_2^T P_2 A_2 & & & \vdots & A_2^T P_2 \\ & & \ddots & & \vdots & \vdots \\ 0 & & & A_n^T P_n A_n & \vdots & A_n^T P_n \\ \cdots & \cdots & \cdots & \cdots & \cdots & \cdots \\ P_1 A_1 & P_2 A_2 & \cdots & P_n A_n & \vdots & \sum_{i=1}^{n} E_i^T P_i \end{bmatrix} \begin{bmatrix} x_1 \\ x_2 \\ \vdots \\ x_n \\ \cdots \\ h \end{bmatrix} = \begin{bmatrix} A_1^T P_1 l_1 \\ A_2^T P_2 l_2 \\ \vdots \\ A_n^T P_n l_n \\ \cdots \\ \sum_{i=1}^{n} E_i^T P_i l_i \end{bmatrix}$$

$$(5-60)$$

简写为

$$\begin{bmatrix} N_{11} & N_{12} \\ N_{21} & N_{22} \end{bmatrix} \begin{bmatrix} x \\ h \end{bmatrix} = \begin{bmatrix} F_1 \\ F_2 \end{bmatrix} \tag{5-61}$$

容易看出，N_{11} 和 N_{21} 以及 N_{12} 和 N_{22} 之间存在线性组合关系，即

$$A^T N_{21} = A^T (P_1 A_1,\ P_2 A_2,\ \cdots,\ P_n A_n) \tag{5-62}$$

是 N_{21} 列向量的线性组合，结果等于 N_{11} 子矩阵之和，又 $A^T N_{22} = \sum_{i=1}^{n} A_i^T P_i$ 等于 N_{12} 各子矩阵之和，若每个误差方程包含 q 个未知数，则在矩阵 $[N_{11}, N_{12}]$ 和 $[N_{21}, N_{22}]$ 之间至少存在 q 个线性组合。又由于 N_{11} 中的每个子块 $A_i^T P_i A_i$ 都是满秩的（N_{22} 也一样），故只能有 q 个线性组合，这就证明了共线平差问题的亏秩数是 q。此问题唯一解的原理和方法同交叉点平差，这里不再赘述。

5.2.6　平均海面高程模型的建立

建立平均海面高程模型是确定海洋大地水准面和分离海面地形的基础，其精确性和分辨率在很大程度上直接影响大地水准面的精度和分辨率。平均海面在很长的时间尺度上（如几十年到一百年）是一个相对稳定的曲面，由于卫星测高技术的发展，使平均海面成为一个可通过直接观测确

定的曲面,改变了过去只能由分布在近岸的有限验潮站观测采样的历史。精密的全球或区域性平均海面,也是研究全球和区域性海洋学问题的重要基础,它的微小变化指示全球气候变化趋势,如海平面上升反映了全球变暖的趋势;热带赤道海域平均海面的年际变化预示着厄尔尼诺(El Nino)事件的发生与发展;平均海面相对于大地水准面或某个等位等压海水面的起伏,即海面地形决定着全球大洋环流系统。描述海洋的基本动力过程,关系到全球大气环流和海洋生态环境以及海洋资源的开发和运输。平均海面也是描述海洋潮汐和波浪起伏的参考面,反映了日月引力和风力作用的动力过程。研究和确定平均海面对科学理论和应用研究都有重要意义,是大地测量和海洋学的基础性工作之一。

卫星测高出现至今,人们致力于建立精密可靠的平均海面高的数值模型。国外一些研究机构先后推出多个模型,其中有代表性的是 OSU MSS95、CLS-SHOM 98.2 和 GFZ MSS95A。OSU MSS95 是美国俄亥俄州立大学(OSU)联合 GEOSAT、ERS-1 和 T/P 数据求得的一个较高精度的平均海面高模型,分辨率为 $3.75' \times 3.17'$;CLS-SHOM 98.2 是法国的卫星数据采集与定位部(CLS)同样联合 GEOSAT、ERS-1 和 T/P 数据确定的分辨率为 $3.75' \times 3.75'$ 的一个高精度平均海面模型,采用数据的时间跨度略长于前者;GFZ MSS95A 是德国大地测量研究中心(GFZ)建立的平均海面高模型,采用的数据类似于前两个模型,分辨率为 $3.3' \times 3.0'$。这些模型都已广泛应用于海洋学和海洋地球物理的研究中。

建立平均海面高模型首先要最大限度地削弱径向轨道误差,采用的方法有共线平差法和交叉点平差,包括不同任务测高卫星轨迹之间的交叉点平差。同时还要消除或削弱海面高时变量的影响,对具有较短周期重复轨道任务的卫星,如 GEOSAT/ERM(17 天)、T/P(10 天),可通过多年数据的平均来削弱,但对执行大地测量任务的卫星,如 GEOSAT/GM(无重复)、ERS-1 GM(168 天重复)是一种"漂移"轨道,无高重复率的测高数据,空域上的平均不能消除或难以削弱某些较短周期(如 1 个月和季节性时变量影响)的时域变化。削弱或消除时变影响的方法是利用较短周期重复轨道任务卫星，例如利用 T/P 卫星同期观测数据建立月、季和年的海面异常(SLA)模型来描述这种海面高的时变量，如得克萨斯大学空间研究中心(CSR)的海面异常模型，可用来改正漂移轨道任务的测高数据，削弱海面时变对海面高(SSH)的影响。

　　利用不同卫星测高任务的数据联合确定平均海面，需要将海面高数据归算到一个统一的参考椭球和参考框架，建立数据转换模型，其中包括残余系统误差参数，诸如残余轨道误差、海洋时变和测高仪偏差等的综合影响。目前新版 GEOSAT、ERS 和 T/P 卫星测高数据都采用 WGS84 椭球，但椭球参数仍有差别，例如 GEOSAT 和 T/P 卫星参考椭球长半径 $a = 6378136.3\text{m}$，而 ERS 卫星的参考椭球与 OSU91A1 重力位模型所采用的 GRS80 椭球一致，$a = 6378137.0\text{m}$。椭球转换公式(陈俊勇等，1995)为

$$\begin{cases} \mathrm{d}B = \dfrac{N}{(M+H)^2}e^2\sin B\cos B\Delta a + \dfrac{M(2-e^2\sin B^2)}{(M+H)(1-f)}\sin B\cos B\Delta f \\[3mm] \mathrm{d}H = -\dfrac{N}{a}(1-e^2\sin B^2)\Delta a + \dfrac{M}{1-f}(1-e^2\sin^2 B)\sin^2 B\Delta f \\[3mm] \mathrm{d}L = 0 \end{cases} \quad (5-63)$$

$$\begin{cases} B = B_0 + \mathrm{d}B \\ H = H_0 + \mathrm{d}H \\ L = L_0 \end{cases} \quad (5-64)$$

　　式(5-63)和式(5-64)中，N、M 分别为卯酉圈和子午圈曲率半径，Δa 为统一椭球长半轴与被转换椭球长半轴之差，Δf 为相应椭球扁率之差，B_0、L_0、H_0 和 B、L、H 分别为转换前后测高点的大地坐标。参考框架的不一致和残余系统偏差，可用四参数模型表示，即 Δx、Δy、Δz 和 C，分别为原点的三个偏移量和一个整体偏移量(Rapp et al.，1994)。若以 T/P 的框架作为统一框架，则其他测高卫星的框架转换到统一框架的关系式为

$$SSH = SSH_0 + \Delta x\cos\varphi\cos\lambda + \Delta y\cos\varphi\sin\lambda + \Delta z\sin\varphi + C \quad (5-65)$$

ERS-1/35、ERS-1/168 和 GEOSAT 的海面高，与 T/P 的海面高之间四参数转换关系分别为：

$$ERS-1/35 = ESSH_0 - 2.38\cos\varphi\cos\lambda + 3.4\cos\varphi\sin\lambda + 3.31\sin\varphi - 5.41$$

$$(5-66)$$

$$ERS-1/168 = SSH_0 - 2.38\cos\varphi\cos\lambda + 1.97\cos\varphi\sin\lambda + 5.37\sin\varphi - 6.15$$

$$(5-67)$$

$$GEOSAT = SSH_0 - 0.31\cos\varphi\cos\lambda + 8.96\cos\varphi\sin\lambda + 4.74\sin\varphi - 28.24$$

$$(5-68)$$

在按以上相应关系完成每一类卫星测高数据的转换后，为进一步将这些转换后的测高数据的基准和 T/P 基准统一，还应进行多种测高数据联合交叉点平差。由于 T/P 数据的观测精度高于其他卫星测高数据的精度，因而在联合交叉平差中全部固定，并认为交叉点的不符值包含沿轨道方向残余轨道误差、海洋时变和各种物理改正误差。研究表明，联合交叉点平差也以截距—斜率式直线方程拟合误差模型为好。当地面轨迹因各种原因（如通过陆地、岛屿等）发生数据中断时，采用对轨迹中断时间超过 1.2s 的各子弧段分别进行拟合；若卫星通过平差区域的时间小于 100s 的弧段，则只以 1 个常数平移误差参数进行拟合，这种措施会增加工作量，但可提高拟合精度。为提高 ERS-2/35、ERS-1/35、ERS-1/168、GEOSAT/ERM 的径向轨道精度，通常的交叉点平差方法是固定 T/P 弧段，其他卫星分别与 T/P 进行双星交叉点平差，可称简单双星交叉点平差，这样可能造成 T/P 卫星以外其他卫星测高数据之间的不协调，即它们的自交叉和互交叉点不符值一般不能得到均衡的降低。对此我们作了改进，扩大了双星交叉组合方式，在固定 T/P 弧和升弧、降弧确定交叉点的原则下，增加了自交叉点和互交叉点，对除 T/P 卫星以外的卫星进行下列 9 种组合：ERS-2 ~ GEOSAT/ERM、ERS-2 ~ ERS-2、ERS-2 ~ ERS-1/168、ERS-2 ~ T/P、ERS-1 ~ GEOSAT/ERM、ERS-1 ~ ERS-1、ERS-1 ~ T/P、GEOSAT/ERM ~

GEOSAT/ERM、GEOSAT/ERM~T/P。这种方法称为扩大的双星组合交叉点平差，可增强多种卫星数据联合进行交叉点平差的统一性和协调性。此外，若假定各类测高卫星 SSH 数据之间是不相关的，则两种不同类卫星交叉点的先验方差是各自方差之和。

前面提到的处理具有重复周期卫星测高数据的共线方法，也是削弱或消除卫星轨道误差并确定海面高的时间平均值的方法。通过沿共线轨迹比较海面高的测量值，可发现海面高的长波变化，主要反映径向轨道误差和海面高大尺度的时变部分（如 El Nino 现象产生的海平面高异常），可根据径向轨道误差的长波特性，消除共线轨迹径向轨道误差的常量偏差和线性变化部分。其基本思路是通过固定一条轨迹作为参考轨迹，求定其他周期相应弧段上一点相对于固定弧段上与该点纬度相同的点的海面高差。在图 5-4 中，对升弧的情况，O 为参考轨迹上的观测点，O' 为另一周期重复弧段上与 O 点纬度相同的点，但 O' 点一般不是观测点，其海面高可利用与该点相邻的两观测点的测高值，按线性内插确定。首先要确定 O' 点的位置（$\varphi_{O'}$，$\lambda_{O'}$），O 点位置（φ_O，λ_O）已知，因此 $\varphi_{O'}=\varphi_O$，$\lambda_{O'}$ 未知；也可通过已知点 $P(\varphi_P,\lambda_P)$ 和 $Q(\varphi_Q,\lambda_Q)$ 进行线性内插得到，设轨道倾角 $i<90°$，则有

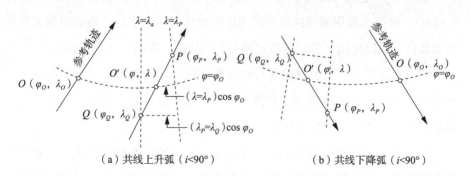

（a）共线上升弧（$i<90°$）　　　　（b）共线下降弧（$i<90°$）

图 5-4　共线上升弧和共线下降弧的卫星轨迹

$$\lambda_{O'}=\lambda=\lambda_P-K_a(\varphi_P-\varphi_O) \tag{5-69}$$

式（5-69）中，K_a 为一次项系数（相当于斜率），因是"向后"内插，前加负号：

$$K_a = \frac{(\lambda_P - \lambda_Q)\cos\varphi_Q}{(\varphi_P - \varphi_Q)\cos\varphi_O} \qquad (5-70)$$

对于降弧，类似地，有

$$\lambda_{O'} = \lambda = \lambda_P - K_d(\varphi_O - \varphi_P) \qquad (5-71)$$

$$K_d = \frac{(\lambda_P - \lambda_Q)\cos\varphi_Q}{(\varphi_Q - \varphi_P)\cos\varphi_O} \qquad (5-72)$$

对于轨道倾角 $i>90°$ 的情况，同理可导出升弧和降弧的相应公式：

$$\lambda = \lambda_P + K_a(\varphi_P - \varphi_O) \qquad (5-73)$$

$$K_a = -\frac{(\lambda_P - \lambda_Q)\cos\varphi_Q}{(\varphi_P - \varphi_Q)\cos\varphi_O} \qquad (5-74)$$

$$\lambda = \lambda_P + K_d(\varphi_O - \varphi_Q) \qquad (5-75)$$

$$K_d = \frac{(\lambda_P - \lambda_Q)\cos\varphi_Q}{(\varphi_P - \varphi_Q)\cos\varphi_O} \qquad (5-76)$$

当 O' 的位置 (φ, λ) 已定，则又可通过线性内插求得该点的海面高 $h_{O'} = h$：

$$h = h_Q + (h_P - h_Q)\frac{(\varphi_O - \varphi_Q)}{(\varphi_P - \varphi_Q)} \qquad (5-77)$$

由于重复轨迹的共线精度为 1km 左右，对 $2' \times 2'$ 的格网分辨率（约 3.6km），可认为各周期同纬度点的观测值对确定相应格网点值的贡献大致是等效的，取同纬圈上各重复轨迹测高的平均值，即时间平均海面高。

参考轨迹可由卫星轨道根据文件计算得到，计算测高值的时间间隔一般为 1s，通过比较重复轨迹，选择一条观测数据最多并去掉陆地和冰上测高数据的海面轨迹作为参考轨迹。

另一求重复轨迹平均海面高的方法是通过大地水准面梯度改正，将所有重复轨迹上测点的 SSH 进行归化并取平均，由此获得重复轨迹时间平均海面高观测值。在进行共线平均时，由于分辨率很高（如 $2' \times 2'$ 格网），一般不进行正常点计算。

利用多种卫星测高数据建立平均海面高模型，第一步是对各类观测数据进行预处理，包括数据的编辑、统一参考椭球和参考框架、部分消除残余系统偏差，以及对大地测量任务的漂移测高数据进行海面时变的改正。第二步是用共线法确定所有重复共线轨迹的时间平均海面高，这一步可初步削弱轨道误差和海洋时变等残余系统误差，并可显著减小交叉点不符值。第三步是对所有各类测高轨迹进行近于全组合式扩大的双星组合交叉点平差，进一步削弱径向轨道误差。经过这三步可获得整个计算区域各类测高卫星轨迹上的离散点平均海面高。第四步是对离散点值进行格网化计算，完成平均海面高格网数字模型的建立。

对离散点值的格网化首先是要考虑格网间距的选取。卫星测高的观测采样不是均匀等间隔采样，采样点分布在由升弧和降弧组成的轨迹网络上，轨迹上观测点值密集，网络空格处无测点，同时不同类测高轨迹网络疏密不一，但可估计整个计算区的测点平均密度，再根据 Nyquist 采样定理确定一个合理的模型格网间距。同时还要考虑测点值的精度和交叉点不符值的大小等，精度和分辨率要达到一定程度的协调，使相应波段的平均海面高的信噪比足够高。要考虑由离散点值内插格网节点值的合理而可靠的方法，绝大多数格网点在测高轨迹围成的范围内，首先要对每个内插点确定适当的拟合内插半径 r（图 5-5），并考虑拟合区已知测点分布的合理结构，保证内插点 P 在已知测点的内部，尽量避免外插图形的出现，即待插值点位于已知测点分布区之外的情况。由于格网点值的推算受局部变量影响较大，因此待插值点周围的有效数据不能太少。特别是内插点在区域边界附近时，应适当扩大拟合半径，使内插点周围有足够的有效数据。

格网化拟合算法很多，实际应用中应针对不同情况，综合考虑数据的密度、分布及精度等因素，选取适当的算法。这里我们应用最小二乘配置法内插格网点海面高。应用最小二乘配置法一般需要经过移去—恢复过程，先确定一个先验模型的平均海面 $h_M = N_M + \zeta_M$，N_M 和 ζ_M 分别为模型大地水准面高和海面地形，例如采用由位模型 EGM96 确定的大地水准面及其相应的海面地形模型 EGM96SST，由此可计算所有测高数据点的残差平均海面高 δh：

$$\delta h = h - h_M \tag{5-78}$$

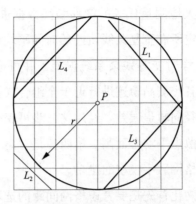

图 5-5　格网化拟合（L_i 为海面测高轨迹）

式（5-78）中，h 为平均海面高的观测值。首先要确定一个平均海面高的协方差函数，由于测高数据密度很大，因此平均海面高的最小二乘配置解对协方差函数的准确度不敏感，可用一个简单方法确定协方差函数，如利用 Forsberg 1987 年编制的 GEOGRID 软件进行格网化，它假设协方差函数是一个二阶 Markov 过程的一维函数：

$$\mathrm{cov}(d) = C_0(1+d/\alpha)\,e^{-d/\alpha} \tag{5-79}$$

式（5-79）中，d 是两者之间的距离，C_0 是局部协方差函数，可用计算所有区域的所有残差 δh 的方差来确定，$\alpha = 0.595\xi$，ξ 为相关长度参数。对于参数 ξ 可由计算区域的点值 δh 沿测高轨迹按距离变量 $d_i(i=1,2,\cdots)$，计算每一距离值 d_i 的协方差均值 $\mathrm{cov}(d_i)$：

$$\mathrm{cov}(d_i) = \frac{1}{n}\sum_{i=1}^{n}\left[h(x_j)\cdot h(x_k)\right]_i \tag{5-80}$$

式（5-80）中，x_j、x_k 为位置向量，$d_i = |x_k-x_j|$（$i=1,2,\cdots$；$j=1$，$2,\cdots$；$k=1,2,\cdots$），由函数 $\mathrm{cov}(d_i)$ 的采样值，按最小二乘法（线性或非线性）进行拟合，确定参数 α。由式（5-79）可计算任意两点之间的协方差，并组成协方差矩阵 $C_{\delta h\cdot\delta h}$，则格网点的残差平均海面高 $\widehat{\delta h_j}$ 的最小二乘配置解为

$$\widehat{\delta h_j} = C_{\delta h_j\cdot\delta h}\left(C_{\delta h\cdot\delta h}+D\right)^{-1}\delta h\,(j=1,2,\cdots,m) \tag{5-81}$$

式(5-81)中，j 为裕网节点号，$\delta h = (\delta h_1, \delta h_2, \cdots, \delta h_s)^T$ 为观测的残差海面高向量，D 是 δh 的误差方差—协方差矩阵(对角阵)，$C_{\delta h_j \cdot \delta h}$ 是待推估内插格网点 j 的 δh_j 与 δh 之间的协方差向量。最后恢复移去的模型值，得内插格网点平均海面高的最小二乘配置解 $\hat{h}$：

$$\hat{h} = h_M + \widehat{\delta h} \qquad (5-82)$$

该方法的主要困难在于由观测数据确定一个经验协方差函数 $\text{cov}(d)$，当采用了已知参数(C_0, ξ)，可在一个适当的拟合半径$(r > \xi)$范围内应用式(5-81)进行格网点的插值，此时向量 δh 要有足够的长度，一般要求其维数 $s = 10 \sim 20$。也可在整个计算区应用式(5-81)，但此时矩阵$(C_{\delta h \cdot \delta h} + D)$可能阶数过高难以求逆。在一个拟合半径范围内求配置解，由于未能利用全部观测数据，故理论上不严格，但计算工作量小；在全区域配置可求得严格解，但计算工作量大，可考虑采用快速谱算法。

5.3　海洋大地水准面的滤波方法

5.3.1　概述

当平均海面高的格网数字模型已经建立，早期在米级精度要求下，直接将平均海面作为大地水准面，并由逆 Stokes 公式反演海洋重力异常，这些比较粗略的测高海洋重力场数据曾成功地应用于海洋地球物理问题的解释。当已知一个先验全球海面地形模型，例如 Levitus 模型(见第 5.2.3 节)，用平均海面高减海面地形模型值，可得到较准确的海洋大地水准面，但估计其精度接近亚米级，这是用测高数据简单确定低精度大地水准面的方法。

随着用卫星轨道跟踪数据建立低阶全球重力位模型的迅速发展，卫星测高数据大量积累，测高和轨道精度大幅提高，推动了利用测高数据联合全球重力位模型恢复高精度海洋大地水准面方法的研究。研究出的方法大致包括整体求解法、最小二乘配置法、Stokes 方法和垂线偏差法。这些方法都实际应用过，均各有利弊，目前垂线偏差方法得到更多的重视，正在发展中，也是我们确定测高大地水准面采用的方法。在计算大地水准面的过程中也要同时计算重力异常，其计算方法和大地水准面计算方法联系在一起，包括确定海洋重力垂线偏差在内，已形成利用卫星测高数据确定海洋重力场的一整套方法和技术。

整体求解法和最小二乘配置法都属于统计方法，Stokes 方法和垂线偏差法属于解析方法。针对高分辨率重复轨迹的测高数据（如 GEOSAT/GM 和 ERS/GM），利用重复轨迹不同性质测高信号分量之间相关度的差别，研究人员提出了共线迹波数相关滤波法，或简称滤波方法，是一种直接由测高数据确定海洋大地水准面且有别于统计方法和解析方法的新方法。

相关的基础理论研究也在发展，学者提出了两类测高重力边值问题（Sansò，1993），即第一类测高重力边值问题（AG Ⅰ）：

$$
\begin{cases}
T = \delta W + a & \text{在海面} \\[2mm]
-\dfrac{\partial T}{\partial r} - \dfrac{2}{R}T = \Delta g & \text{在陆地} \\[2mm]
\dfrac{1}{4\pi}\displaystyle\int T \mathrm{d}\sigma = 0 & \text{全球}
\end{cases}
\tag{5-83}
$$

第二类测高重力边值问题（AG Ⅱ）：

$$
\begin{cases}
-\dfrac{\partial T}{\partial r} = \delta g + a & \text{在海面} \\[2mm]
-\dfrac{\partial T}{\partial r} - \dfrac{2}{R}T = \Delta g & \text{在陆地} \\[2mm]
\dfrac{1}{4\pi}\displaystyle\int T \mathrm{d}\sigma = 0 & \text{全球}
\end{cases}
\tag{5-84}
$$

式中，$\delta W = \gamma N$，即已知海洋大地水准面高，a 是垂向偏差常数，δg 是海洋扰动重力，可由海洋大地水准面高的一阶差分确定，即 $\delta g \approx -(N_{i+1} - N_i) \cdot \dfrac{\gamma}{\Delta s_i}$；$\dfrac{1}{4\pi}\int T \mathrm{d}\sigma = 0$ 为 T 在无穷远正则的等价条件。Sansò 研

究了这两类边值问题解的适定性问题(存在、唯一和稳定),对此这里不作详细介绍。当然,还有其他类型的测高重力边值问题,如重力测高垂线偏差边值问题。这些边值问题都是以整个地球表面为边界,联合陆地重力测量数据和海洋测高数据,求解全球重力场,这实际上也是陆—海大地水准面拼接的理论基础,若联合应用一个高阶、高精度的全球重力场模型,陆地上的 Δg 代之以模型值,这两类边值问题也可推广于研究海洋局部重力场边值问题,但以上边值问题(AG I 和 AG II)均未考虑海面地形的影响,实际上 δW 和 δg 都难以仅用测高数据准确求得。

5.3.2 整体求解法

在第 5.1 节中已提到整体解法的基本概念,它把求解残差大地水准面和确定径向轨道误差参数以及海面地形参数联系在一个残差海面高的观测方程中,在第 5.2.1 节中已导出了这一观测方程,即式(5-12)。现假定在该方程中时变海面地形 ζ_t,海潮和固体潮影响 τ 以及海况影响 ω 都在测高数据的预处理中被消除,又假定测高误差为偶然误差,则式(5-12)可简化为

$$\Delta h = \Delta N^c + \Delta N^0 + \zeta_s - \varepsilon_r + \varepsilon_h \tag{5-85}$$

式(5-85)中,ε_r 为径向轨道误差,卫星的地心距 r_s 是卫星运行状态参数(三维位置和速度)S 的函数:

$$r_s = r_s(S) \tag{5-86}$$

S 又称状态向量,它又决定于卫星的初始状态 S_I 和力模型参数 P,即

$$S = S(S_I, P) \tag{5-87}$$

则有

$$r_s = r_s(S_I, P) \tag{5-88}$$

由此,径向轨道误差 ε_r 由 S_I 和 P 的偏差 ΔS_I 和 ΔP 产生,假定函数 $r_s(S)$ 和 $S(S_I, P)$ 的解析式(或离散模型)已知,则有

$$\varepsilon_r = \frac{\partial r_s}{\partial S}\frac{\partial S}{\partial S_I}\Delta S_I + \frac{\partial r_s}{\partial S}\frac{\partial S}{\partial P}\Delta P \tag{5-89}$$

将稳态海面地形 ζ_s 展开为球函数的级数，写为

$$\zeta_s = \zeta_s(\boldsymbol{P}_T) \tag{5-90}$$

式(5-90)中，$\boldsymbol{P}_T$ 为球函数展开的系数向量。设：

$$\zeta_s = \zeta_{so} + \frac{\partial \zeta_s}{\partial \boldsymbol{P}_T} \Delta \boldsymbol{P}_T \tag{5-91}$$

当令 $\zeta_{so} = 0$ 时，则 $\Delta \boldsymbol{P}_T = \boldsymbol{P}_T$。

大地水准面的模型值 N_0[见式(5-9)]即由用于卫星定轨的位模型 $T = T(P')$ 乘因子 $1/\gamma$（γ 为正常重力值）得到，$\boldsymbol{P}'$ 为位系数向量，则 ΔN^c 可写为

$$\Delta N^c = \frac{\partial N}{\partial \boldsymbol{P}'} \Delta \boldsymbol{P}' \tag{5-92}$$

ΔN^c 是模型大地水准面高阶截断误差，可在测高数据中采用某种滤波方法去掉（同时也会去掉 ζ_s 的高频部分，这部分量级一般很小）。

当力模型参数 P 中只考虑地球引力位参数，设其余的力参数没有误差，即 $\Delta P = \Delta P'$，综合以上各式可得残差海面高 Δh 的观测方程：

$$\Delta h = \left[\frac{\partial N}{\partial \boldsymbol{P}} - \frac{\partial r_s}{\partial \boldsymbol{S}} \frac{\partial \boldsymbol{S}}{\partial \boldsymbol{P}} \right] \Delta \boldsymbol{P} - \frac{\partial r_s}{\partial \boldsymbol{S}} \frac{\partial \boldsymbol{S}}{\partial \boldsymbol{S}_I} \Delta \boldsymbol{S}_I + \frac{\partial \zeta_s}{\partial \boldsymbol{P}_T} \boldsymbol{P}_T + \varepsilon_h \tag{5-93}$$

式(5-93)中，$\Delta \boldsymbol{P}$、$\Delta \boldsymbol{S}_I$ 和 $\boldsymbol{P}_T$ 是待求的参数向量。假定已知 ε_h 的方差阵（或权阵），则可用一般最小二乘平差方法解算以上观测方程。其中系数的计算要已知 T/γ 的球谐展开式，以及函数 $r_s(\boldsymbol{S})$ 和 $\boldsymbol{S}(\boldsymbol{S}_I, \boldsymbol{P})$，式(5-93)的实际展开式比较复杂，这里给出的只是整体解法的概念性模型。

5.3.3 共线迹波数相关滤波法

GEOSAT/GM 数据的分辨率非常高，在南纬 60°附近卫星海面轨迹间距为 2～3km，虽然这一"漂移"任务没有准确的重复轨迹，但相邻两条升弧或降弧也可以看成有共线关系，在精确重复轨迹的情况下，如 GEOSAT/ERM，两重复轨迹最大可偏离 2km。根据 GEOSAT/GM 轨迹的这一密集特点，Kim(1995)提出了由测高数据恢复大地水准面的共线迹波数相关滤波

法（WCF）。海水深度和两相邻轨迹间距大致为同一量级或略大，海深和海底地壳物质的变化将对相邻两轨迹产生相关的信号，通过波数相关技术可提取这种信号，同时滤去那些弱相关的部分，包括波长小于 6km 的地质信号、观测和环境噪声，以及小尺度（短波）时变信号等。这个方法的基本思想是：将空间域数据通过 Fourier 变换分解为谱域系数集，再通过对比相应波长上两相邻轨迹配准数据对的系数（所谓"配准"，即对应数据位于相同或近似相同的位置），构造相关谱，类似于空域回归分析中的相关系数（CC）分析。

设 $X = (x_0, \; x_1, \; \cdots, \; x_N)$ 为一条轨迹上的中心化（零均值）且均匀配置的一维数据向量，$\overline{X} = (\overline{x}_0, \; \overline{x}_1, \; \cdots, \; \overline{x}_N)$ 为 X 的 Fourier 变换，则有

$$\overline{x}_k = \sum_{n=0}^{N-1} x_n \mathrm{e}^{\left(-in\frac{2\pi}{N}k\right)} \tag{5-94}$$

式（5-94）中，$\overline{x}_k$ 的下标 k 表示谱域中的一个波数，$i = \sqrt{-1}$。设相邻轨迹上的同类数据为 $Y = (y_0, \; y_1, \; \cdots, \; y_N)$ 及其 Fourier 变换为 $\overline{Y} = (\overline{y}_0, \; \overline{y}_1, \; \cdots, \; \overline{y}_N)$。$X$ 的逆变换为

$$x_n = \frac{1}{N} \sum_{k=0}^{N-1} x_k \mathrm{e}^{\left(in\frac{2\pi}{N}k\right)} \tag{5-95}$$

而 $\overline{x}_k$ 又可写成

$$\overline{x}_k = x_R + ix_I = |\overline{x}_k| \mathrm{e}^{(i\theta_{\overline{x}_k})} \tag{5-96}$$

式（5-96）中，x_R 和 x_I 分别为 $\overline{x}_k$ 的实部和虚部，$\theta_{\overline{x}_k} = \arctan(x_R/x_I)$，将式（5-96）代入式（5-95）得

$$x_n = \frac{1}{N} \sum_{k=0}^{N-1} |\overline{x}_k| \left[\cos\left(\theta_{\overline{x}_k} + k\frac{2\pi}{N}n\right) + i\sin\left(\theta_{\overline{x}_k} + k\frac{2\pi}{N}n\right) \right] \tag{5-97}$$

对于 Y 和 $\overline{Y}$，类似的，有

$$y_n = \frac{1}{N} \sum_{k=0}^{N-1} |\overline{y}_k| \left[\cos\left(\theta_{\overline{y}_k} + k\frac{2\pi}{N}n\right) + i\sin\left(\theta_{\overline{y}_k} + k\frac{2\pi}{N}n\right) \right] \tag{5-98}$$

从以上两式中可知，$\overline{x}_k$（$\overline{y}_k$）代表了 x_n（y_n）的分量，其幅值为

$|\bar{x}_k|(|\bar{y}_k|)$，周波数为 $k\dfrac{2\pi}{N}$ 以及相角为 $\theta_{\bar{x}_k}(\theta_{\bar{y}_k})$。由此可定义 $\bar{x}_k$ 和 $\bar{y}_k$ 波数的相关系数：

$$CC_k = \cos(\Delta\theta_k) = \frac{\overline{x_k} \cdot \overline{y_k}}{|\bar{x}_k||\bar{y}_k|} \tag{5-99}$$

式(5-99)中，$\Delta\theta_k = \theta_{\bar{x}} - \theta_{\bar{y}}$，"·"表示向量点积(注意 $\bar{x}_k$ 和 $\bar{y}_k$ 都是复数)。由式(5-99)可知，CC_k 为两配准数据集 k 波数分量相角差的余弦。若完全相关即 $CC_k = 1$，即不存在相角差，当 $CC_k = -1$ 时，相角差为 $180°$；当 $CC_k = 0$ 时，相角差为 $90°$，不相关。CC_k 是一个指标，当给定一个阈值，例如 0.6，若 $CC_k \geq 0.6$，则保留 k 波数分量(第 k 谱分量)，否则丢弃该分量。经此分析过程，将所有保留的高相关分量从谱域经逆变换至空域，那些负相关和零相关以及 CC_k 超限的分量，其中主要包括测量噪声、时变信号和其他干扰因素，均被排除(滤去)，由此增强了主要由静态海底地质产生的相干信号。实际上，WCF 方法就是在两配准数据集之间分解相关谱的分析过程，而我们熟知的相关系数(CC)分析则是确定各谱分量综合影响的总相关度。

两个离散数据集之间相关系数(CC)的一般定义为

$$CC = \frac{\sum_{n=0}^{N-1} x_n y_n}{\sqrt{\sum_{n=0}^{N-1} x_n^2 \sum_{n=0}^{N-1} y_n^2}} \tag{5-100}$$

根据 Parseval 定理，上式等价于

$$CC = \frac{Re\left(\sum_{k=0}^{N-1} \overline{x_k y_k^*}\right)}{\sqrt{\sum_{k=0}^{N-1} |\bar{x}_k|^2 \sum_{k=0}^{N-1} |\bar{y}_k|^2}} \tag{5-101}$$

式(5-101)中，"*"表示取共轭复数。比较式(5-101)与式(5-99)，表明波数相关滤波(WCF)与相关系数(CC)分析是类似的。

当 WCF 用于共线轨迹，CC 可用于估计信噪比(N/S)的衰减，N/S 由下式定义：

$$N/S = \sqrt{\dfrac{\sum\limits_{n=0}^{N-1} N_n^2}{\sum\limits_{n=0}^{N-1} S_n^2}} \qquad (5-102)$$

式(5-102)中，N_n 和 S_n 分别表示噪声和信号分量。

以下根据合理的近似和假定导出 CC 和 N/S 之间的关系。将式(5-100)平方，得

$$CC^2 = \dfrac{\left(\sum\limits_{n=0}^{N-1} x_n y_n\right)^2}{\sum\limits_{n=0}^{N-1} x_n^2 \sum\limits_{n=0}^{N-1} y_n^2} \qquad (5-103)$$

将 x_n 和 y_n 分解为信号 s_n 和噪声 N_{x_n}，N_{y_n} 的叠加：

$$x_n = s_n + N_{x_n} \qquad (5-104)$$

$$y_n = s_n + N_{y_n} \qquad (5-105)$$

式(5-100)和式(5-105)中，S_n 是点 n 欲提取的真实信号，对 x_n 和 y_n 是共有的，随机噪声(N_{x_n} 和 N_{y_n})则不同，现假定 x_n 和 y_n 为独立观测量，因而 N_{x_n} 和 N_{y_n} 也互相独立，这一假定是合乎实际的。展开式(5-103)的分子，并顾及以上两式有

$$\left(\sum_{n-1}^{N} x_n y_n\right)^2 = \left[\sum_{n=0}^{N-1}(S_n^2) + \sum_{n=0}^{N-1} S_n N_{x_n} + \sum_{n=0}^{N-1} S_n N_{y_n} + \sum_{n=0}^{N-1} N_{x_n} N_{y_n}\right]^2$$

$$(5-106)$$

当数据长度 N 足够大时，可假定：

$$\sum_{n=0}^{N-1} S_n N_{x_n} = \sum_{n=0}^{N-1} S_n N_{y_n} = \sum_{n=0}^{N-1} N_{x_n} N_{y_n} = 0 \qquad (5-107)$$

则式(5-106)可写为

$$\left(\sum_{n-1}^{N} x_n y_n\right)^2 = \left(\sum_{n=0}^{N-1} S_n^2\right)^2 \qquad (5-108)$$

假定：

$$\sum_{n=0}^{N-1} N_{x_n}^2 = \sum_{n=0}^{N-1} N_{y_n}^2 = \sum_{n=0}^{N-1} N_n^2 \qquad (5-109)$$

类似地，展开式(5-103)的分母：

$$\sum_{n=0}^{N-1} x_n^2 \sum_{n=0}^{N-1} y_n^2 = \left(\sum_{n=0}^{N-1} S_n^2\right)^2 + 2\sum_{n=0}^{N-1} S_n^2 \sum_{n=0}^{N-1} N_n^2 + \left(\sum_{n=0}^{N-1} N_n^2\right)^2 \tag{5-110}$$

将式(5-108)和式(5-110)代入式(5-103)，得

$$CC^2 = \cfrac{1}{1 + 2\cfrac{\displaystyle\sum_{n=0}^{N-1} N_n^2}{\displaystyle\sum_{n=0}^{N-1} S_n^2} + \cfrac{\left(\displaystyle\sum_{n=0}^{N-1} N_n^2\right)^2}{\left(\displaystyle\sum_{n=0}^{N-1} S_n^2\right)^2}} \tag{5-111}$$

最后将式(5-111)与式(5-102)比较，得 CC 和 N/S 的关系为

$$N/S = \sqrt{\frac{1}{|CC|} - 1} \tag{5-112}$$

以上信噪比与相关系数的近似关系式表明，相关系数越低，信噪比越高(差)，因此，可根据对信噪比的要求来确定相关系数的阈值(截止值)或折中值。首先对相邻两轨线的测高残差大地水准面(ARG)两数据集应用式(5-101)作整体相关系数(CC)分析，根据所确定的 CC 阈值(例如要求 $CC \geqslant 0.6$)，舍弃那些 CC 超限的轨线，在此基础上，再对每一波数分量按式(5-99)计算波数相关系数(CC)，同样根据所确定的限制条件决定是否保留或滤去该波数分量，到此完成共线迹波数相关滤波(WCF)过程，并初步滤去了测高数据中的时变信号和各种噪声。

实施 WCF 需对共线轨迹对的测高数据进行预处理。第一步，移去数据中的波趋势，按移去—恢复原理，利用一个已知的全球重力位模型，例如 ECM96，作为参考场，从测高海面高(SSH)中移去由该模型确定的波大地水准面；再利用一个全球动力海面地形模型(DSST)，例如 OSU91 DSST，进一步移去长波海面地形，得到测高残差大地水准面(ARG)数据，它是供共线迹分析的基础数据。第二步，分别对升弧和降弧共线迹建立所谓同相轨迹集(CO-phasing Tracks)。为此，先将测高 GDR 数据中的升弧和降弧分开，分别对这两类轨迹集按时间顺序，或按同一方向，如自西向东排列，将轨迹依次编号；将每两相邻轨迹视为共线迹对，并建立对应数据点的同相关系。每一共线迹对要求空间配准(co-registered)，其条件是，两线互

相平行，有相等的度以及各自的起点，有近乎相同的纬度。对于同为升弧或降弧的两条相邻轨线，根据 GEOSAT/GM 情况，基本上满足平行条件，而其长度则可能有较大差别，例如在近南极地区，GEOSAT 的轨线可能被季节性冰层覆盖中断，此时需先找出两弧各自的原起点，其纬度可能有较大差别，但无论是升弧对还是降弧对，其中必有一弧的起点与另一弧上的某数据点有最接近的纬度，那么就选定该数据点为另一弧的配准起点，这个点一般不是原起点，则将该配准起点到原起点的所有数据点都删除，如图 5-6 所示。共线对的配准终点也可用类似方法确定。

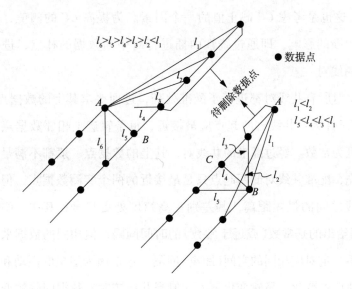

图 5-6　确定共线对配准起点示意图

为有效地进行相关法波，配准的共线对必须有足够的度，以保证有必要数量的数据点参与相关滤波。经验表明（Kim，1995）其点数不应少于50，少于该点数的短弧对将在相关滤波中被舍去，但仍可作为未处理数据参与随后的交叉点平差，并给予相对于经 WCF 处理过的数据以较低的权，一般说来，这样的短弧对为数不多。对配准的共线迹需进一步解决数据点的连续性问题。由于种种原因，一些轨线上存在数据测点的中断，若连续中断点较多，将可能产生严重的频谱混叠影响，试验表明，最大可容许的连续数据中断为 4s（对 GEOSAT/GM 情况约为 8 个数据点）。中断 4s 以下的弧实际出现较多，中断大于 4s 的情况较少，因此若中断允许度过短，将会有大量的轨迹在 WCF 处理中被舍去，舍去的数据将占总数据量的较大比率，这种短的中断的累积影响将变得很显著。在 GEOSAT/GM 的 WCF 处理中，要求中断数据和总数据的比率低于 21%，这不仅是考虑到实际上一般不会出现低于此比率的情况，同时也考虑到一个无数据中断的完整共线迹出现相关系数 $CC = 0.5$ 可能是正常情况，等价于信噪比 $N/S = 1.0$，如果一条轨迹有 20% 的数据中断，那么 CC 将降至最小可接受的水平（0.5）。这也是考虑 CC 截止值的一个因素。为提高 CC 的阈值，必须弥补数据中断的影响，即通过线性内插进行对中断数据的补点，进一步构造同相同线对。

假定对所有共线对都进行了配准处理，进而要求其上的数据点要"同相"，其条件为：共线对两起点应最接近，每条轨迹上相邻数据点间距必须相同且为常数。经过配准的共线对，其上的数据点一般都不满足同相条件。首先，配准共线对的两起点只是最接近的两个实测数据点，但不代表两平行线之间的最短距离，其差别在高纬度处更显著；其次，GEOSAT/GM 数据给出的是常数（或近于常数）的时间间隔，但相同的数据采样的时间间隔不一定对应相同的空间（距离）间隔，这是因为卫星的摄动和卫星在轨运行速度的变化，虽然变化不大，但当共线迹时，数据间隔的变化将很显著。例如，若任意取 100 条各有 200s 的轨迹，轨线平均为 1350km，则变化的标准差为 23km，两个 0.5s 的数据点的距离约为 3.4km，因此 GDR 中给出间距 0.5s 的数据不能直接用于 WCF 处理，必须建立同相数据点并计算这些点上的 SSH 值，这相当于在共线对上作"格网化"处理，其方法见图 5-7。这一处理过程包括确定等间隔同相点总数（一般为数据采样点的两倍），用线性内插方法内插同相点的 SSH 值，并确定其位置坐标。线性内插过程会对数据产生轻微平滑作用，但不至于对波数产生任何歪曲，因为数据被加密。

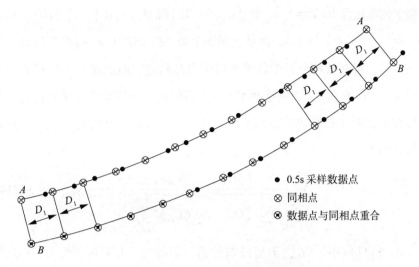

图 5-7　同相共线迹对构造示意图

完成上述数据预处理后可着手进行 WCF 的计算，也包含两步。

第一步，计算一个共线对的整体相关系数 CC，决定轨线的取舍。

根据同相共线迹对应同相点的 ARG 数据，可产生两个一维数据向量，设 $\boldsymbol{X}=(x_0,\ x_1,\ \cdots,\ x_N)$ 为西线数据向量，$\boldsymbol{Y}=(y_0,\ y_1,\ \cdots,\ y_N)$ 为东线数据向量，则首先按式(5-100)定义计算两离散数据集之间的总体相关系数：

$$CC=\frac{\overline{\boldsymbol{X}}\cdot\overline{\overline{\boldsymbol{Y}}}^*}{\sqrt{\boldsymbol{X}\cdot\boldsymbol{X}^*(\boldsymbol{Y}\cdot\boldsymbol{Y}^*)}} \tag{5-113}$$

利用一维 FFT 可分别得到 $\boldsymbol{X}$ 和 $\boldsymbol{Y}$ 复数形式的离散谱 $\overline{\boldsymbol{X}}$ 和 $\overline{\boldsymbol{Y}}$，由式(5-113)即可算得 CC 的值。检查所有共线对的 CC 值并舍弃低值(高 N/S 值)轨线，低 CC 值可能只是共线对中某一条的显著噪声或系统误差引起的，通过对相邻共线迹 CC 值的比较，可决定舍去共线对中的哪一条轨线。

确定截止 CC 值的一种合理指标是，用 ARG(信号)的标准差 STD 除以经交叉点平差后的残余交叉点不符值(噪声)的均方根值 RMS，例如当 RMS 为 10cm(平差范围为 1000km×1000km)，而两轨线 ARG 的 STD 为 20cm，

相当于信噪比为 $10/20 = 1/2$，则由式(5-112)得 $|CC| = 0.8$；若 STD 为 10cm（$N/S = 1$），则 $|CC| = 0.5$。高截止相关系数 CC（如取 0.8）可推算得高一致性重力场，但在滤波分析中将拒绝过多测高轨迹，因此通常可采用相对较低的截止 CC 值 0.5。确定合理截止 CC 值的进一步研究可考察共线对的各种特性参数对未进行 WCF 以前 CC 值的影响，即进行参数化 CC_P 的分析，其形式如下：

$$CC_P = \sum_{n=0}^{N-1} \frac{(CC_{in,\,n} - \overline{CC_{in}})(y_n - \overline{y})}{\sqrt{\sum_{n=0}^{N-1}(CC_{in,\,n} - \overline{CC_{in}})^2 \sum_{n=0}^{N-1}(y_n - y)^2}} \tag{5-114}$$

式(5-114)中，$CC_{in,n}$ 为滤波前的值，下标"n"为第几共线对，$\overline{CC_{in}}$ 为 $CC_{in,n}$ 的均值，y_n 为共线对的比较参数，例如轨线度，相邻共线迹之间的间距，共线对同相点 ARG 差值的 STD 等，$\overline{y}$ 为相应参数的均值。实验表明，每一同相共线迹 ARG 的标准差 STD 和 CC 之间有正的高相关值 CC_P，且滤波后的值略高于滤波前的值，说明这一参数可用于确定截止 CC，进而作共线对同相点 ARG 差值的 STD 和 CC 之间的相关值 CC_P，滤波前后则有很大变化，由负相关变为正相关，说明 WCF 的有效性，即基本排除了非静态信号对 CC 的影响，减小了对应同相点的 ARG 差值，WCF 有效性的这种判据可以作为确定截止相关 CC 的一种准则。既能保证滤波的有效性，又能最大限度地保护低值 CC 的轨线不被过多地从 WCF 中舍弃，详细研究见 Kim(1996)的实例分析，此处已略。

第二步，在谱域对经第一步处理后所选共线对的每一个波数分量按式(5-99)进行相关滤波。其中 $\overline{x_k}$ 和 $\overline{y_k}$ 和 y 已在 WCF 的第一步作了计算，由此可给出每一共线对的 CC_k($k = 0, 1, \cdots, N-1$)。在这里同样面对截止 CC_k 的选定问题，高值 CC_k 表明噪声对该波数的影响得到更多的压制，低值 CC_k 则相反。当截止 CC_k 选得过高，则滤去（舍弃）的波效可能过多；选得过低，则降低滤波的效果，影响成果的质量。因此要在相关度和噪声之间进行折中，并尽可能保留 CC_k 的高相关水平。研究表明，确定截止 CC_k 的最佳方法是分析截止CC_k与保留谱能(可由 ARG 的自功率谱计算)的关系曲线(见图 5-8)。

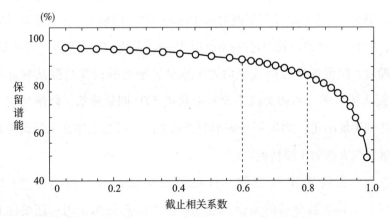

图 5-8(a)　应用于 WCF 中的截止 CC_k 与保留谱能关系曲线

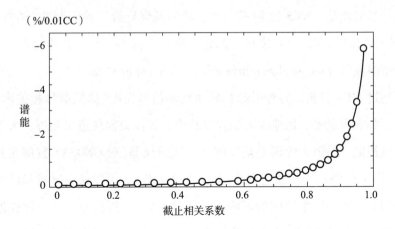

图 5-8(b)　图(a)曲线的一阶导数曲线(最终截止 CC_k 取值范围为 0.6~0.8)

保留谱能的比率由拒绝谱分量的多少确定,选取的截止CC_k值越高,拒绝的谱分量就越多,则保留的谱能比率越低,将使滤波结果变得不可靠;若选取过低的截止CC_k值,将在信号中保留过多的噪声,则相关滤波失去意义。从图 5-8 可以看出,大于 0.8 的截止CC_k,曲线迅速下降,相应地,其一阶导数曲线迅速上升,从 0.6 到 0.8 曲线平缓下降,能保留高于80%的谱能,因此截止CC_k在 0.6~0.8 区间取值是合理的。对不同地区

和不同共线轨迹 CC_k 的截止值可能有差别，更保守的值可选为 0.5。

实测数据（GEOSAT/GM）的 WCF 算例表明了相关滤波方法的良好效果（Kim，1995）。该算例计算了两对位于东经 44°、南纬 61°近南极海域共线迹对，取 50 个波数，其中包括 Nyquist 频率，截止 CC_k 取 0.8，经 WCF 分析处理后，保留的信号谱能平均大于 90%，平均的相关系数从滤波前的 0.85 提高到 0.97，两相关轨迹 SSH 差值的 STD 明显降低，轨迹数据中断影响达到了最小化。WCF 不是简单的低通滤波，而是工作在全波谱域范围内，这是该方法的重要特点。

但我们看到 WCF 仅依据共线迹数据集波数分量的相位差［见式(5-99)］，而波数分量的幅值信息在滤波中未起任何作用；还要注意到 WCF 是一种沿轨分析，保持了共线对沿轨的高相关，但没有考虑和保持交叉弧分量的相关。WCF 这种不完善的缺陷最终导致一种所谓的"搓衣板"（wash-board）效应。为解决这一问题，研究者提出了稍后将作介绍的"方向敏感滤波"（Directional Sensitive Filter，DSF）分析方法。

通过 WCF 分析，各种引起相邻轨线间信号失配（降低信号相关度）的误差，如观测误差、物理改正误差以及中、短波径向轨道误差等，大部分将得以消除。但最大的误差是长波径向轨道误差（对 GEOSAT 数据尤其显著），即 1cpr 波段上的轨道误差（见第 5.2.2 节），可以认为这种长波误差对相邻共线轨迹产生相同的影响，不能被 WCF 分析消除。另一种长波误差影响是海面地形（SST）的季节性变化。分别对升弧和降弧作 WCF 分析后，交叉点的不符值的改善可能不大，因此在作进一步滤波（DSF）处理前需要作交叉点平差（见第 5.2.5 节），在这一平差模型中每一条弧（升弧或降弧）只取一个偏差参数，略去倾斜参数［见式(5-104)］。平差区域的大小必须适中，要保证包含足够数量的交叉点，以便得到稳定的解；平差范围过大将使交叉点差值、总体均方值（RMS）变大，从而在相近轨线中可能出现大的信号失配，影响其后对重力异常的推估（由大地水准面反算重力异常）。试验表明，对 GEOSAT/GM 数据，在近南极地区，交叉点密度较大，平差范围取东西向 12°，南北向 6°，其中保持与相邻平差区有 2°的重叠，用以处理相邻平差区之间的拼接差。在此顺便指出，交叉平差区域大小的选择，一般情况下，取决于不同测高卫星交叉点分布密度，平差模型中所含参数的多少以及交叉平差的类型（单卫星交叉平差或多卫星联合交叉平差）。我们在研究中采用多种测高卫星（T/P、GEOSAT、ERS）的联合交叉平差，平差范围取 20°×20°，获得了较好结果。

　　我们注意到无论是升弧还是降弧，其等值线畸变（拉）方向都是地面轨线方向（南半球，轨道倾角 $i > 90°$ 的情况，GEOSAT 的 $i = 108°$），好像与轨线垂直方向存在一个对等值线的压缩作用，"搓衣板"效应与轨线方向垂直。这是因为相邻的两条轨线，其中每一条在测高值中所含的时变量和轨道误差既不是随机的，也不作用在同一个时间段，使相邻两轨线（共线对）上同相点的观测信号不相容，使 CC 值降低，同相点连线方向与轨线方向正交（见图 5-8），这些非静态的误差分量不可能通过 WCF 和交叉点平差完全消除，这是因为在 WCF 中，截止 $CC_k < 1$，且交叉点平差仅取代表长波径向轨道误差的偏差参数；另一个重要原因是通过 WCF 所认可的 ARG 分量在量值上可能有较大差别，WCF 仅基于一个波数信号相位差的不相容性，而完全未顾及信号幅值差别的不相容性。

　　对上述带方向性的残余误差效应在空域的表现，必然也会在频谱域得到反映，ARG 格网数据的功率谱描述每一波数幅值平方的平均值分布，表示一个波数所含"谱能"的大小，它由信号量值（绝对值）的大小决定。我们这里要讨论的是 ARG 的自功率谱（密度）函数（APSD），并取离数形式。两个函数的自相关函数与其谱函数绝对值的平方构成一维 Fourier 变换对，因此，设我们要估计的 ARG 格网数据的功率谱为 $S_{\text{ARG}}(k, l)$，其估计公式为

$$S_{\text{ARG}}(k, l) = \frac{1}{\lambda^2 N \cdot M} \bar{x}_{kl}^* \cdot \bar{x}_{kl} \qquad (5-115)$$

　　式（5-115）中，$\bar{x}_{kl}$ 为二维 ARG 格网数据 x_{nm} 的波数（谱）分量，由二维

Fourier 变换公式给出：

$$\bar{x}_{kl} = \sum_{m=0}^{M-1} \sum_{n=0}^{N-1} x_{nm} e^{\left[-i\left(m\frac{2\pi}{M}k + n\frac{2\pi}{N}l \right) \right]}$$ (5-116)

$\lambda(= \Delta x)$ 为格网间距。由 Parseval 定理可知，函数平方的积分和等于其谱函数平方的积分和，因此功率谱表示谱域的平均谱能，也表示空域 ARG 平均量值的平方，代表信号总的强度或平均强度。

方向敏感滤波（DSF）的目的是进一步"滤去"这些方向性时变噪声信号的波数。最初的设想是利用两个格网数据集进行二维 WCF，它包含了交叉轨迹的相关，二维 WCF 的定义依然可用式（5-99）表示，只是其中 x_k 和 y_k，应换为 $\bar{x}_{kl}$ 和 y_{kl}，二维离散 Fourier 变换由式（5-116）计算，其中 $\bar{x}_{kl}$ 和 y_{kl} 分别是升轨 ARG 格网数据的二维波数分量。试验结果并不理想，未能达到去除方向性误差效应的目的，其空域的"搓衣板"效应仍未有明显的消除，根本原因是，不论是一维还是二维 WCF 都仅应用了波数的相位角，而未用其幅值。

最初的 DSF 设计，试验了多种方法试图检测出 SSH 信号中那些被噪声和非静态信号污染的波数。第一种方法是鉴别出两个比较数据集中那些具有过大幅值差的相应波数，其中一个数据集的相应波数幅值过大被认为是受污染的波数，这就类似于要寻求一个有效的限制幅值的阈值率，有如寻求一个折中的截止 CC_k；另一种方法涉及在每一数据集的波数域中鉴别出一个波数污染带，两个数据集的波数污染带不会重叠，则一个数据集的污染波数可用另一数据集未被污染的相应波数所取代。这两种方法在实用上都不甚理想，原因之一是缺乏一个易实施的明确过程来确定幅值的有效阈值或污染波数带，原因之二是这两种方法都有人为的主观因素，可能产生歪曲的估计。大量试验研究发现，最有效的过程是简单的象限替代法，将一数据集中两个明显被轨线型噪声污染的波数象限用另一数据集中另外两个波数象限替换。

DSF 是在二维格网化数据的基础上进行的，观测数据是密集的沿轨数据，滤波处理的目的是消除或最大限度地削弱观测数据中的噪声和与重力场信号不相干的非静态信号分量，由此获得与数据分辨率大致相等的高分辨率大地水准面，或移去模型值的残差大地水准面，以便利用这样一个含丰富短波成分的大地水准面反解重力异常场。重力异常场是中、短波频谱占优，对大地水准面短波分量敏感，因此需要选择一种格网化方法使观测数据中的短波信号尽可能得到保留。数据格网化方法有多种，基本上可分为两类，一类是统计方法，另一类是积分方法。在大地测量数据处理中，统计方法应用广泛，其基本原理是在要求拟合推估中误差（方差）最小的约束下求解，如多项式拟合内插、多面函数拟合、最小二乘配置法、以距离作参数的带权平均法（如 Shepard 方法和 Bjerhammar 方法）等。这些方法大都不能准确拟合观测数据，存在拟合差，更重要的是它们对数据都或多或少有一种平滑作用，不仅平滑了数据中所含的各种误差，其中包括粗差，也平滑了数据中的短波信号，这种平滑作用多数不影响应用，是否影响取决于应用所要求的分辨率，高于规定分辨率的频谱成分应予去除，以防混叠影响。当数据的空间采样率，或者说采样间隔高于对结果所要求的分辨率时，局部平滑作用对要求的结果可能并不产生影响，用统计法格网化的一个重要优点是能给出拟合内插的精度评定。当我们要求从大地水准面格网数据反演高分辨率的重力异常场，就需要特别谨慎使用统计法对大地水准面数据实施格网化处理。积分法目前在大地测量数据处理中应用较少，但值得重视。积分法是在要求拟合曲面满足某种具有几何意义或物理意义的全局性范数最小的约束下求解，通常要求解一组微分方程来确定拟合曲面（函数），是一种计算过程相对复杂的解析法，例如所谓"最小曲率方法"，以及下面要简单介绍的用于 DSF 分析的"连续曲率张力样条法"，后者是在前一方法基础上发展起来的，目前在地质和地球物理数据处理中应用较多。其优点是能保证解具有所要求的性质，例如准确拟合观测数据，保持场的短波分量等；其缺点除计算过程可能相对较复杂外，还难在直接给出拟合内插的精度估计，往往要借助于外部数据检验。

连续曲率张力样条格网拟合插值法（Smith et al.，1990）又称张力三次

样条方法(Kim, 1995), 是最小曲率方法的改进和推广。最小曲率格网化算法采用以下曲率(二阶导数)范数:

$$C = \iint (\nabla^2 z)^2 \mathrm{d}x\mathrm{d}y \tag{5-117}$$

式中, ∇^2 为二阶导数算子, 这里假定梯度 $|\nabla^2|$ 是微小量, Briggs (1974)给出满足范数 $C = \min$ 条件的微分方程:

$$\nabla^2(\nabla^2 z) = \sum_i f_i \delta(x - x_i, \ y - y_i) \tag{5-118}$$

这里 $(x_i, \ y_i)$ 为已知数据点位置坐标, 且 $z_i = z(x_i, \ y_i)$, $\delta(x-x_i, \ y-y_i)$ 为一给定的 Green(响应)函数, 类似 δ 函数, f_i 是要选择的待定函数, 使得当 $(x, \ y) \rightarrow (x_i, \ y_i)$, 则 $z \rightarrow z_i$, 边界条件为

$$\frac{\partial^2 z}{\partial n^2} = 0 \tag{5-119}$$

$$\frac{\partial^2}{\partial n(\nabla^2 z)} = 0 \tag{5-120}$$

式(5-120)中, $\frac{\partial}{\partial n}$ 表示对边界线取法向导数。在边界角满足:

$$\frac{\partial^2 z}{\partial x \partial y} = 0 \tag{5-121}$$

以上三个边界条件称为自由边界条件。这里要求函数 $z = z(x, \ y)$ 有连续二阶导数, 上述边值问题有唯一解, 称为双三次自然样条, 来源于力学中弹性薄板弯曲分析类似边值问题。对一个具有常数抗弯刚度 D 的弹性薄板, 薄板的微小位移产生于法向应力 q 和作用在薄板垂向单位长度上的水平张力 T_{xx}、T_{xy}、T_{yy}, 并假定水平张力不变(常量), 则薄板弯曲满足以下方程式:

$$D \nabla^2(\nabla^2 z) - (T_{xx}\frac{\partial^2 z}{\partial x^2} + 2T_{xy}\frac{\partial^2 z}{\partial x \partial y} + T_{yy}\frac{\partial^2 z}{\partial y^2}) = q \tag{5-122}$$

最小曲率格网化方程式(5-118)可看成方程式(5-122)的特例, 即令其中的水平分力为零的情况: $\nabla^2(\nabla^2 z) = q/D$。以上边界条件的力学意义是, 在边界上弯力矩[式(5-119)]、垂向剪应力[式(5-120)]和边界角点

扭力矩[式(5-121)]均为零；f_i 描述作用于薄板的点载荷强度 q/D，数学上是薄板弯曲 Green(响应)函数线性组合系数，是格网化确定拟合函数的待求量。在弯曲薄板中存储的总弹性应变能正比于曲率范数 C，对所有二次可微曲面"弹性应变能"用作数据内插的目标(价值)函数，最小曲率条件应保持最小应变能。单纯的最小曲率方法的主要优点是在保持整个拟合曲面"弹性应变能"最小的力学性质的要求下，曲面准确拟合观测数据(通过所有已知数据点，无拟合差)，故称自然(真)样条函数。但研究和试验表明，这类曲面在已知数据点之间可能会有较大起伏或波动，这可能是在数据点分布不均的强约束下造成应变能分布不均的结果。

有两类改进最小曲率方法的思路，一类是放宽准确拟合数据的要求，另一类是放宽总曲率最小化要求，且使方法的应用更灵活。Smith 和 Wessel 提出的张力连续曲率样条属第二类改进思路。他们把式(5-118)推广到式(5-122)，其中包含了水平应力参数 $T_{ij}(i,j=x,y)$。假定 $T_{xx}=T_{yy}=T$，$T_{xy}=0$，则式(5-122)可写为

$$D\,\nabla^2(\nabla^2 z)-T\,\nabla^2 z=q \tag{5-123}$$

当 $T=0$，则式(5-123)与式(5-118)等价。对任意的 T，式(5-123)的解主要取决于第二项，为此将上式写成以下形式：

$$(1-T_I)\,\nabla^2(\nabla^2 z)-T_I\,\nabla^2 z=\sum_i f_i\delta(x-x_i,\,y-y_i) \tag{5-124}$$

式(5-124)中，T_I 为张力参数，下标 I 表示拟合区域内部，T_I 可在(0,1)区间取值。当 $T_I=0$ 时，上式即式(5-123)，即最小曲率解是式(5-124)的一个极限情况；当 $T_I=1$ 时，上式第一项消失，其解是数据点之间区域的谐函数，这一极限情况在弹性力学中相当于无穷大张力，无物理意义，但可认为是描述一个导热板的稳态温度场，数据点是热源或散热器。其解的重要性质是根据谐函数内部平均值定理，除数据点外，解函数不存在局部最大最小点。对任意 $T_I(0\leqslant T_I<1)$，式(5-124)均给出一个连续曲率解，但不是最小曲率解。

边界条件保留式(5-120)和式(5-121)不变,而式(5-119)用下式代替:

$$(1-T_B)\frac{\partial^2 z}{\partial n^2}+T_B\frac{\partial z}{\partial n}=0 \tag{5-125}$$

式(5-125)中,T_B 为边界张力参数,也在[0,1)区间取值,自由边界条件是上式的特例,即 $T_B=0$ 或 $T_B=1$ 的极限情况,这一条件使解在边界上趋于"平坦"。

可以证明,式(5-117)可转换为在谱域中对 z 的 Fourier 分量平方的带权积分,其权正比于其波数的四次方,C 值含丰富的短波分量,但 C 的最小化解[式(5-118)]则将谱能集中在长波上,适宜于数据随距离变化缓慢的格网内插;推广的式(5-124)也定义了一个与曲率最小范数解相关的带权最小范数问题,张力参数 T_I 的引入松弛了对全局最小范数的约束,通过调整 T_I,使带权趋于局部化,增大张力,将局部增大内插点附近数据点的权,导致更能保持局部变化特性的解,适宜于数据随距离变化迅速的格网内插,以期最大限度地保留数据的短波信息。

连续曲率张力样条格网化方法及求解如式(5-124)的高阶微分方程边值问题,实际解算是将高阶微分方程化为相应的有限差分方程,一个节点的内插方程和其周围 12 个节点有联系。

值得注意的是,在海洋重力场计算中,适当选择格网的间距很重要。首先由于广泛采用球面地理坐标作 FFT 计算,由于地球的经纬线格网向两极收敛,相同的经纬度间隔随着纬度的增高,其代表的地面距离迅速变小,而测高数据的分布密度也随之迅速提高,但全球重力场的频谱分布却与纬度的变化没有明显的内在联系,只是离心力从赤道向高纬度衰减,至极点为零,但影响不大。为提高地球重力场确定的分辨率,力求恢复数据中的短波信息,它取决于短波场源的空间分辨率,即重力场数据分辨率要用地面距离来表达,而不宜用经纬度间隔表达。在分辨率的这一含义下,不同的纬度带,格网化的经纬度间隔应该有差别,高纬度地区的格网间隔一般应大于低纬度地区的间隔。另一个确定海洋重力数据格网间隔的重要因素是海深。海洋重力场的中、短波场源主要是海底地形及其下的洋壳，海深的变化在 10km 以内，平均 3~4km，由于重力场沿地球径向方向衰减，现在的海洋重力测量技术难以测定几公里范围的重力变化。而目前测高数据的沿轨密度可达 0.7km，这一密度有利于得出可靠的格网平均值，但不可能获得具有高于 1km 分辨率的海洋重力场，因此海洋重力数据格网分辨率要与海深相配，在开阔海洋间隔小于 4km，在中纬度地区相当于 $2'$，无实际意义，在高纬度地区，例如 $\varphi = 60°$，则 $2'$ 的平行圈弧长约为 1.8km，因此，在高纬度地区为使一个格网沿经线方向和沿纬线方向近于等距离，则格网的经差间隔应大于纬差间隔，例如在 $\varphi = 60°$ 的地区，其最小格网间隔 ($<4km$) 应为 $\Delta\varphi = 2'$，$\Delta\lambda = 4'$。

共线迹波数相关滤波法是一种在频谱域的共线分析法，在第 5.2.6 节关于确定平均海面高的讨论中采用了在时空域的共线分析法，它们的共同之处是都通过共线分析排除和压制海面高的时变量影响。频谱域的共线滤波分析法是基于静态信号与非静态信号不相关的假设和原理，主要目的是提取静态重力场 (大地水准面) 信号；时空域的共线分析法原理主要是基于时变信号具有随机性，可通过取平均加以消除，通过对不同时间尺度和周期求取平均值还可研究海平面的变化，同时也可减弱其他随机性误差，主要目的是确定一个准静态平均海面，不涉及静态海面地形影响。

WCF 结合 DSF 是处理密集测高数据提取中、短波海洋重力场信号的一种统计滤波方法，其原理简明，也可采用 FFT 技术实现相关分析计算，试验表明获得的结果可靠，与船测重力实测数据的比较精度为 3.5mGal，已相当于船测重力的精度，是一个有发展和应用前景的新方法。但该方法目前在技术上还不够成熟，例如，计算 WCF 要选定截止 CC 和 CC_k，以及 DSF 要确定波数带，目前都还需要作主观性的个别分析，同时其处理过程仍难以避免长波海面地形和径向轨道误差的影响，需进一步完善和实用化。

5.4 海洋大地水准面计算的技术方案

5.4.1 技术方案概要

（1）采用 GEOSAT、T/P 和 ERS-1 三类完整数据进行联合处理。

（2）测高观测数据的物理改正一般均采用各自用户手册中的给定值和改正模型；GEOSAT 和 T/P 数据的编辑除采用各自用户手册给出的标准外，还应采用和参考 OSU 的编辑标准。

（3）采用测高垂线偏差作为确定海洋重力场的基础（输入）数据。

（4）对三类卫星海面测高轨线进行两两全组合求解交叉点，垂线偏差均为交叉点上的计算值。

（5）垂线偏差、重力异常和大地水准面的基本格网为2.5′×2.5′，由此形成5′×5′格网数据作为最后成果，并进入陆海大地水准面的拼接计算。

（6）由于海面地形长波（25 阶）绝对占优，对测高垂线偏差影响很小，且目前还没有公认可靠的海面地形模型，计算垂线偏差前不对平均海面作海面地形改正。

（7）不作交叉点平差，由于经轨道改进的测高数据残余径向轨道误差小于 10cm，观测值的一次差分可基本上消去地理相关径向轨道误差。

（8）海洋大地水准面采用国际 80 参考椭球，以及 T/P 轨道参考框架（ITRF93），ERS-2 的轨道也属于 ITRF，对 GEOSAT 数据应考虑引入参考基准偏差改正。

（9）采用 Molodensky 由垂线偏差反演大地水准面高的公式计算海洋大地水准面，并用 Molodensky 的逆 Vening-Meinesz 公式求得的重力异常按 Stokes 公式求大地水准面作为一种内部检核。

（10）用船测重力数据检核测高重力异常的最后成果，作为一种外部检核。

5.4.2　海洋大地水准面的计算流程

（1）测高观测数据预处理：读取光盘数据，按编辑标准进行数据筛选，观测数据进行各项物理改正，按升弧和降弧及观测时间与位置系列组成观测数据文件。

（2）交叉点位置计算：按三类卫星两两进行全组合交叉（包括自交叉和互交叉），利用测高轨线上测点已知位置坐标，用关于大地经纬度的二次多项式分别拟合升、降弧轨线，按最小二乘法确定轨线方程系数，解联立二次方程求解交叉点地理坐标，组成交叉点位置数据文件。

（3）测高值坐标框架偏差改正计算：计算 GEOSAT 和 ERS-1 测高轨线在交叉点附近 8~10 个测点的坐标框架偏差改正。

（4）内插交叉点测高观测值：用二次内插法内插交叉点测高观测值，结果与交叉点位置数据文件合并组成交叉点观测数据文件，其中包括观测时间信息。

（5）交叉点垂线偏差计算：以交叉点为中心，取测高轨线上 8~10 个测高点，分别组成测点测高值关于纬度和经度的一次差分以及测点纬度和经度关于时间的一次差分，将一次差分转换为一阶导数，并确定交叉点的相应值，按公式计算交叉点和组成交叉点垂线偏差数据文件。

（6）格网垂线偏差计算：按2.5′×2.5′格网化的要求，内插加密非交叉点垂线偏差，以交叉点为中心，选取适当半径范围，按 Shepard 方法拟合内插加密区若干均匀分布点的垂线偏差，计算2.5′×2.5′格网垂线偏差平均值，组成垂线偏差格网数据文件。

（7）格网残差垂线偏差计算：以 EGM96 模型作为参考场，计算垂线偏差模型格网值，与观测格网值相减组成残差垂线偏差格网数据文件。

（8）大地水准面计算：利用 Molodensky 反演大地水准面差距的公式和残差垂线偏差格网数据，由专用子程序反解格网点残差大地水准面高程值，计算 EGM96 大地水准面格网点模型值，加残差值恢复大地水准面高程的格网值，组成大地水准面2.5′×2.5′格网数据文件。

（9）格网重力异常计算：利用 Molodensky 的逆 Vening-Meinesz 公式和残差垂线偏差格网数据，由专用子程序反解格网点残差重力异常值，计算 EGM96 重力异常格网点模型值，加残差值恢复重力异常的格网值，组成重力异常2.5′×2.5′格网数据文件。

（10）大地水准面反解检验计算：利用 Stokes 公式和格网重力异常数据，由专用子程序求解格网点大地水准面高程值，与第（9）步计算结果作比较检验；同时利用一维严密反演公式分别与二维球面卷积和二维平面卷积公式的计算结果进行比较，作为内部检核。

（11）成果的精度分析和统计：利用船测重力数据与测高重力异常进行比较，作精度统计，作为外部检核。具体过程参见图5-9。

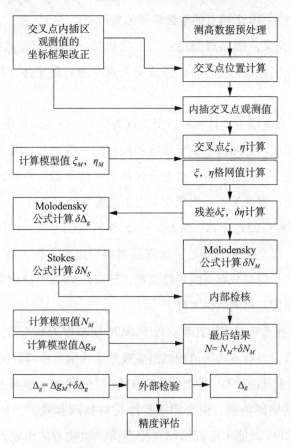

图5-9 海洋大地水准面的计算流程框图

第 6 章
陆地与海洋大地水准面的拼接

6.1 拼接问题产生的原因

陆地上用重力数据确定的大地水准面被称为"陆地重力大地水准面"，海洋上用卫星测高数据确定的大地水准面被称为"海洋测高大地水准面"。从理论上讲，两类用不同数据和不同方法确定的大地水准面，其依据的理论基础相同，都是基于物理大地测量的重力位理论、地球重力场边值问题理论和大地水准面的基本定义。如果描述大地水准面起伏采用的参考坐标系框架和参考椭球参数相同，又无任何误差影响，这两类大地水准面应该是严格一致的，因而在陆海相接区域两类大地水准面也应该无隙拼合，即不存在拼合差。但这些理想的假设和要求事实上难以完全得到满足，因为这是用两类不同性质的数据各自按不同原理和方法独立确定的大地水准面，由于各自受到不同误差源的影响，即使不考虑其间可能存在的系统差，仅考虑两类数据不同水平的偶然观测误差，也必然会产生拼合差，需要用适当的平差方法予以消除或削弱，而两类大地水准面中的系统误差也是客观存在的，且引起系统差的因素比较复杂，特别是由测高数据确定海洋大地水准面的过程中存在多种类型的误差源（见第 5.2.2 节和第 5.4.2 节）。由陆地重力数据确定大地水准面的误差影响比较单一，主要是重力数据的观测误差或内插误差以及计算模型的近似性误差。这些误差都会反映到两类大地水准面的拼合差中。产生拼合差的各种误差影响,目前已经认识到的大致可以归纳为以下几个方面:

(1)近岸测高数据的不完善和误差相对较大,由此确定的平均海面可靠性不佳,可能含系统差,用测高数据确定的海洋大地水准面或重力异常,距陆岸越近,可靠性越差,边界效应显著。近岸海域海水局部动力环境复杂(水深变化、海岸形状、海底地形、江河溢流、岛屿分布、潮流等),在相对较短的时间内(如几年)由测高数据确定的平均海面变化较大,与长时间尺度(如几十年)确定的"稳定"平均海面之间可能有系统性差异,此差异将直接带入由此确定的近岸测高大地水准面。

(2)沿海区域是陆地计算重力大地水准面的边界区,如果计算时没有海域重力测量数据,将降低边界区域大地水准面的精度,在用 Stokes 公式计算时可能存在不可忽略的系统性截断误差,因此陆地大地水准面沿海岸线也可能存在显著的边界效应。

(3)受上述近岸海域局部环境特征的影响,近岸局部潮波系统与用于测高数据潮汐改正的全球海潮模型存在系统差,这已为现有研究所证实。

(4)由于上述原因,近岸海域由平均海面分离出准确的海面地形更难,目前已有的全球海面地形用于近岸海域可靠性较差。

(5)全球高程基准不统一,各个国家的正高或正常高的起算面一般都不是大地水准面,而是由某一验潮站确定的平均海水面,与大地水准面的差为海面地形,其量级可达米级,使由此定义的区域高程系统产生一个系统差,从而给陆地重力测量与高程相关的归算带来系统差,其中主要在空间重力异常中含有高程影响的系统误差,而测高重力数据不受区域高程系统差异的影响。

(6)陆地大地水准面计算的原理和方法与确定测高大地水准面的原理和方法有较大差别,在理论上各自都有某些假设条件。就确定陆地大地水准面通常采用的 Stokes 公式而言,它是由解算大地测量(第三)边值问题导

出的，有三条假定，即正常椭球包含全部地球质量、正常椭球面的位 U_0
等于大地水准面上的 W_0、正常椭球中心应与地球质心重合。在此假定下，
重力异常、扰动位和大地水准面都不包含零阶和一阶球函数。此外，在
Stokes 理论框架中，大地水准面通常被简单地视为平均海水面，并假定其
外部无质量存在。这些假定一般都不能得到完全满足，实际上存在偏差。
Stokes 公式本身又是在球近似下导出的，通常忽略地球扁率影响，这些因
素都将使计算的大地水准面含有系统误差，并已有相应的公式进行估算，
其量级可达米级。采用 Molodensky 级数，其零阶项就是 Stokes 公式，一阶
项为地形影响，在实际计算中也存在 Stokes 方法类似的问题。测高大地水
准面的确定，早期(如 GEOS-3 和 SEASAT 测高数据)是直接将平均海水面
视为大地水准面，其中包含地面地形影响、径向轨道误差、测高误差和定
轨参考框架(包含参考椭球差异)等系统差，其量级可达数米。目前在测高
大地水准面的计算中已考虑上述误差影响。但由测高数据确定大地水准面
最大的困难是从平均海面分离出海面地形和大地水准面，仅用测高数据不
可能严格实现分离(见第 5.2.3 节)。为减弱海面地形影响，研究者提出了
由测高剖面的梯度计算垂线偏差的方法，垂线偏差具有中、短波频谱特
性，移去长波分量后，在局部范围内可以认为所求得的垂线偏差受海面地
形影响较小，由密集测高垂线偏差数据形成高分辨率的格网数据，采用
Molodensky 公式反算大地水准面高，该公式的推导假定了大地水准面和正
常椭球体积相等，即高程异常全球积分为零的条件，这和 Stokes 理论假设
是一致的，但实际上也不能完全满足，存在高程异常的零阶项。这种方法
在大地水准面与海面地形可分离性方面可能优于整体解法，但也不可避免
地存在一定程度的海面地形影响，并且可能含有其他系统性成分(见第
5.4.2 节)。

　　以上两类大地水准面中存在的多种不同性质的系统误差大部分都还缺
乏深入的研究，也缺乏可靠的数学模型来模拟这些误差，因此目前实用上
在处理陆海大地水准面计算中都采用将由测高数据反解的海洋重力异常与

陆区重力异常合并直接进入 Stokes 积分，不考虑两类数据可能存在的系统差，通常在涉及的海域范围不大，对海洋大地水准面精度要求不高时，实用上可以接受。实验表明，由测高数据反演的重力异常与船测重力异常之差为 5~8mGal，是船测重力异常和测高重力异常误差的总影响。随着测高数据大量累积，分辨率大幅提高，测高精度也已得到显著改善，加之长波海面地形模型的准确度也有所提高，由测高数据反解的重力异常无论是分辨率和精度都有可能高于船测重力异常。为适应这一发展，对海洋大地水准面的精度要求也相应提高到分米级或更优，更合理地利用测高重力数据实现更为严密的陆海大地水准面的拼接便成为一个需要深入研究的问题。

Sansò 最早提出陆海大地水准面的拼接问题，20 世纪 80 年代初提出重力—测高边值问题(Sacerdote et al.，1993)，基本定义见第 5.3.1 节，可以认为是解决陆海大地水准面拼接问题的最初研究。但那时的着眼点主要是考虑到由测高观测值反演重力异常再与陆地重力异常合并求解陆海大地水准面，不仅多了一步反演重力异常的计算，而且在反演中有可能丢失测高数据中某些频谱段的重力场信号(例如近边界区的频率混叠效应)，并可能带入额外的误差影响，例如测高数据中的误差可能在反演重力异常中被"放大"，特别是反演核函数接近其奇异点时。国内外学者都对这一边值问题做过研究，导出了解算模型，但主要偏重理论问题的讨论，实用算法未得到进一步发展。

"拼接"问题从广义上说是假定一个边界面被划分为若干子边界，每一个子边界上有不同类的重力数据，且一般互不重叠；每一类型重力数据各有不同的精度水平，还可能含有系统误差。我们要解决的是，在重力位边值理论的框架下，求解一个扰动位函数，满足 Laplace 方程及所有子边界面上的边值条件，并保证该位函数在无穷远的正则性要求，同时顾及不同类数据精度水平的匹配，即确定一个误差最佳分配准则(例如带权残差平方和最小准则)，并能一并解算某些可以模拟的系统误差参数。

拼接问题强调了不同类观测数据和不同精度数据的"拼接"。如果不考虑观测误差，或者不同类观测数据被认为是等精度的，则可以在边值问题解析理论框架中解决多种边值数据的拼接问题，上面提到的重力—测高边值问题就是例子。在此情况下，拼接问题就是处理多种边值条件的边值问题，或者说联合多种重力数据确定地球重力场，若不同边界数据之间没有重叠区，仍然是一个单定边值问题，陆海大地水准面的拼接可以属于这一情况；若边界数据之间有重叠区，例如联合陆地重力数据、船测重力数据、海洋卫星测高数据、卫星轨道摄动跟踪数据以及未来的卫星梯度观测数据等，后两类数据基本上覆盖了全球陆海地区，有数据重叠，即存在"多余"边值，这是一个超定边值问题，也可以在超定边值问题解析理论框架中求解。这里附带指出，卫星重力数据，包括已有的地面卫星激光跟踪（SLR）数据和新一代卫星重力数据，如 CHAMP 高—低卫星跟踪数据，GRACE 低—低卫星跟踪数据以及 GOCE 卫星重力梯度数据，将在未来联合地面重力数据和卫星测高数据确定全球高精度、高分辨率重力场时起关键作用，包括最终解决陆海大地水准面的拼接问题。目前，在陆海大地水准面拼接中普遍采用一个公认的高精度全球重力位模型作为参考场，对陆海残差重力场进行拼接，中、长波模型重力场在拼接中起到一种基准和控制作用，消除了拼接区外围的边界效应，可使拼接限于一个局部范围并简化计算。低阶全球重力位模型的数据主要来自卫星重力数据，由此可见卫星重力数据在解决拼接问题中的重要性，这主要得益于卫星重力数据的近于全球分布特点。如何利用未来新一代卫星重力数据对陆海重力数据进行拼接，是否可以不考虑这三大类重力数据的不同精度水平，而用纯解析方法求解，是一个待研究的问题。解析法的优点是计算效力高，计算过程单一，但如果在多种数据的联合中不考虑不同数据类的权重，当高精度数据在其中不占优势时，它们在数据处理过程中将被低精度数据"污染"，而降低其对解算结果的贡献。

陆地重力数据和海洋测高重力数据的拼接主要着眼于观测误差的处

理。现代物理大地测量已发展了多种数理统计方法，发展最小二乘配置法最初的设想就是试图将统计平差理论引入物理大地测量中（Moritz，1982），在保持重力场解析结构一致性的前提下，顾及观测噪声和系统性影响（误差），在一种广义的最小二乘准则（信号与噪声的带权平方和最小）下确定位场参数的最优估计（误差方差最小），并给出结果的精度估计。最小二乘配置法可以同时处理多种不同类型的重力观测数据，且不要求不同类数据分布之间有重叠，这一方法可用于求解上述拼接问题。最小二乘谱组合法，也可联合多种不同类观测数据，在其组合解中也顾及了观测值的权，考虑了不同类观测数据的不同精度水平，兼有解析法和统计法的优点，同样可以用于陆海大地水准面的拼接，但这种方法通常要求不同类数据的分布是重叠的。目前正在研究发展调和随机场边值问题，即将随机偏微分方程理论用于求解物理大地测量边值问题（Rozanov et al.，1997），导出了随机 Laplace 方程边值问题解的理论模型（带随机位系数的球谐展开）以及求解该类边值问题的广义最小二乘法，这一方向的研究目前尚处于基础理论研究阶段，应用于拼接问题的求解还需要对这一理论作实用性研究。

陆海大地水准面的拼接，或陆地重力数据与海洋测高重力数据的联合有其本身特点：一是近岸测高数据的精度一般低于远海测高数据精度，且数据按编辑标准的剔除率大；二是沿岸浅海区（浅于 100m）存在重力数据的空白，其中既无重力实测数据，也无卫星测高数据。这些特点增加了拼接的难度，无论是采用上述的解析法或统计法都难以获得理论上严密的拼接解。

目前国际上在求解陆海统一大地水准面中采用了多种不同的方法，大范围的拼接多采用解析法，如美国和加拿大，将船测重力异常和测高重力异常联合为海洋格网数据，与陆地重力异常格网数据组成统一的边界值，再用通常的解析法求解陆海统一的大地水准面，对于海洋重力空白区，美国是用 OSU91A 模型重力值填充，加拿大则用卫星测高重力值填充。整个欧洲大陆陆海大地水准面的确定与美国、加拿大略有差别，它们也联合了船测重力数据，海洋重力空白采用 ERS-1 重力异常值，但计算大地水准面采用了最小二乘频谱组合法，顾及了观测数据的权。澳大利亚同样联合了船测重力数据，但在联合测高数据时试验了两种方法，一是迭代 FFT 方法，即根据重力异常和大地水准面高的 Fourier 变换关系进行迭代解；二是将其陆地重力数据"挂到"（drapping）由 Sandwell 提供的高分辨率测高重力异常格网上，按 Stokes 公式统一求解陆海大地水准面，试验表明后者结果略优于前者（Kirby，2017）。多采用最小二乘配置法，同样联合了船测重力数据。我国台湾地区陆海大地水准面的确定也采用了最小二乘配置法（Hwang，1996）。由于我国海岸线长，范围大，在进行包括台湾地区在内的我国领土陆海大地水准面的确定时，应该从实际情况出发，研究陆海大地水准面拼接的可行性方案。

6.2　陆海大地水准面的拼接方法

6.2.1　最小二乘配置法

第一步，移去过程，包括利用全球重力位模型移去观测值的中、长波部分，以及地形和残差重力异常的影响。

第二步，求拼接区残差重力异常的局部协方差函数。

第三步，进行局部协方差函数与全球协方差函数的拟合。

得到局部协方差函数的三个参数 C_0、d 和 G_0，其中：

$$G_0 = \frac{2C_0}{d^2} \tag{6-1}$$

利用 Tscheming 与 Rapp 的全球重力异常协方差函数 $C(P, Q)$，对其进行拟合改化，使改化后的球谐展开式满足局部协方差函数的三个参数 C_0、d 和 G_0：

$$C(P, Q) = A \sum_{n=n_0}^{\infty} C_n \left(\frac{R_B^2}{r_P r_Q}\right)^{n+2} P_n(\cos\psi) = A \sum_{n=n_0}^{\infty} C_n S^{n+2} P_n(\cos\psi) \quad (6-2)$$

式(6-2)中, $C_n = \dfrac{n-1}{(n-2)(n+B)}$, $B = 24$, $S = \dfrac{R_B^2}{r_P r_Q} \approx \dfrac{R_B^2}{R^2} \approx 0.999617$, $A = 425.28\mathrm{mGal}^2$, R_B 为 Bjerhammar 球半径, n_0 为截断阶数(长波)。

采用以下迭代拟合法, 注意三个参数中只有两个量是独立的, 其中 G_0 和 A 相关, d 与 A 不相关。迭代步骤为

(1) 选取任意 A_0、N_0;

(2) 改变 S 拟合 C_0/G_0 和 d;

(3) 改变 A 拟合 C_0;

(4) 改变阶方差 C_n 拟合适当的 G_0:

$$G_0 = -C''(0) = \frac{A_0}{R^2} \sum_{n=n_0}^{\infty} \frac{n-1}{(n-2)(n+24)} S^{n+2} P''_n(1) \quad (6-3)$$

$$C_0 = A_0 \sum_{n=n_0}^{\infty} \frac{n-1}{(n-2)(n+24)} S^{n+2} \quad (6-4)$$

$$\frac{C_0}{G_0} = R^2 \left[\sum_{n=n_0}^{\infty} \frac{(n-1)S^{n+2}}{(n-2)(n+24)} \right] \left[\sum_{n=n_0}^{\infty} \frac{(n-1)S^{n+2}}{(n-2)(n+24)} P''_n(1) \right]^{-1}$$

$$(6-5)$$

最终可将 $C(P, Q)$ 写成以下形式:

$$C(P, Q) = \sum_{n=n_0}^{\infty} C_n \left(\frac{R_B^2}{r_P r_Q}\right)^{n+2} P_n(\cos\psi) = \sum_{n=n_0}^{\infty} C_n S^{n+2} P_n(\cos\psi) \quad (6-6)$$

则扰动位 T 的协方差函数 $K(P, Q)$ 可写成:

$$K(P, Q) = \sum_{n=n_0}^{\infty} \sigma_n \left(\frac{R^2}{r_P r_Q}\right)^{n+1} P_n(\cos\psi) = \sum_{n=n_0}^{\infty} \sigma_n S^{n+1} P_n(\cos\psi) \quad (6-7)$$

式(6-7)中

$$\sigma_n = \frac{R^2}{(n-1)^2} C_n \quad (6-8)$$

第四步, 计算各重力场量 Δg、η 和 ζ(或 N) 的自协方差与互协方差函

数，γ_0 为正常重力平均值，r 和 r' 分别为 P 点和 Q 点的地心距离，θ、λ 及 θ'、λ' 分别为 P 点和 Q 点的余纬和经度。

第五步，确定观测值的方差阵 C_{nn}，由陆海重力异常误差估计以及海洋测高垂线偏差误差估计给出。

第六步，建立最小二乘配置法的基础方程。

本方案中的"观测量"为陆地重力异常格网平均值，海洋测高大地水准面格网平均值以及垂线偏差格网平均值。由于陆海观测值之间没有重叠，故本方案不可能估计系统误差参数，即只能采用不带系统参数的最小二乘配置法，所有信号的估计由局部重力场协方差信息确定，观测方程为

陆地：
$$L_{\Delta g} = t_{\Delta g} + n_{\Delta g} \tag{6-9}$$

海洋：
$$\begin{cases} L_N = t_N + n_N \\ L_\xi = t_\xi + n_\xi \\ L_\eta = t_\eta + n_\eta \end{cases} \tag{6-10}$$

矩阵形式为
$$L = t + n \tag{6-11}$$

式（6-9）和式（6-10）中 $L_{\Delta g}$、L_N、L_ξ、L_η 分别为重力异常 Δg、大地水准面 N、垂线偏差 ξ 和 η 的观测量，n 为观测噪声。

第七步，求解推估信号参数：
$$\widehat{S} = C_{st}(C_{tt} + C_{nn})^{-1}L \tag{6-12}$$

式（6-12）中，$\widehat{S}$ 包括陆海交接重力数据空白区的 Δg 和 N 等非观测点信号，估计信号 $\widehat{S}$ 的方差为
$$C_{\widehat{ss}} = C_{ss} - C_{st}(C_{tt} + C_{nn})^{-1}C_{ts} \tag{6-13}$$

第八步，按第一步的逆过程，对估计的残差重力场信号（大地水准面高和重力异常）恢复移去的部分。

第九步，对局部高程系统参考面的拟合校正。将陆海统一重力大地水准面和 GPS/水准大地水准面用多项式进行拟合，将陆地用大地水准面网格

点值，海洋用 $1° \times 1°$ 格网点的平均海面高 $h_{\text{MSS}} \approx N_{\text{海洋}}$ 作为海洋的 GPS／水准大地水准面起伏值，并求解拟合系数，利用拟合多项式对陆海统一重力大地水准面进行校正。

6.2.2 拟合拼接法

设由海洋测高重力异常按 Stokes 公式已求得海洋测高大地水准面高，陆地部分也由实测重力异常确定了陆地重力大地水准面。

该方案的第一步是移去由全球位模型计算的中、长波部分以及局部地形和残差重力异常的影响，形成残差大地水准面 N_{0r}：

$$N_{0r} = N_0 - N_{0M} - N_{0G} - N_{0T} \tag{6-14}$$

式中，N_0 为陆地或海洋大地水准面高，N_{0M} 为模型中、长波分量，N_{0G} 为残差重力异常影响，N_{0T} 为局部地形影响。各项可分别用以下公式计算：

$$N_{0M} = R \sum_{n=2}^{360} \sum_{m=2}^{n} (\overline{C}_{nm} \cos m\lambda_0 + \overline{S}_{nm} \sin m\lambda_0) \overline{P}_{nm}(\sin)\varphi_0 \tag{6-15}$$

$$N_{0G} = \frac{R}{4\pi\gamma} \iint \Delta g_r S(\psi) \mathrm{d}\sigma \tag{6-16}$$

$$N_{0G} = -\frac{\pi G_\rho}{\gamma} H_0^2 - \frac{G_\rho R^2}{6\gamma} \iint \frac{H^3 - H_0^3}{l^3} \mathrm{d}\sigma \tag{6-17}$$

式（6-17）中，H_0 是计算点高程，H 为积分面元的高程。

式（6-16）中：

$$\Delta g_r = \Delta g_F - \Delta g_M - \Delta g_T \tag{6-18}$$

式（6-18）中，Δg_F 为流动点的空间重力异常，Δg_M 为位模型重力异常，Δg_T 为地形影响。各项的计算公式为

$$\Delta g_F(陆地) = g - \gamma + 0.3086H - 0.72 \times 10^{-7} H^2 + \Delta g_A \tag{6-19}$$

式（6-19）中 Δg_A 为大气改正：

$$\Delta g_A = 0.8658 - 9.727 \times 10^{-5} H + 3.482 \times 10^{-9} H^2 \tag{6-20}$$

$$\Delta g_F(海洋) = \frac{\gamma}{4\pi R} \iint_\sigma \left(3\cos\psi - \cos\psi \csc\frac{\psi}{2} - \tan\frac{\psi}{2} \right) \frac{\partial N}{\partial \psi} \mathrm{d}\sigma \tag{6-21}$$

式(6-21)中，ψ 是计算点与流动点间的球面距离，$\dfrac{1}{R}\dfrac{\partial N}{\partial \psi}$ 为 ψ 方向上垂线偏差分量。

$$\Delta g_M = \bar{\gamma} \sum_{n=2}^{360} (n-1) \sum_{m=0}^{n} (\bar{C}_{nm}\cos m\lambda + \bar{S}_{nm}\sin m\lambda)\, \bar{P}_{nm}\sin(\varphi) \qquad (6-22)$$

$$\Delta g_T(\text{陆地}) = \frac{1}{2} G_\rho R^2 \iint_\sigma \frac{(H-H_0)^2}{l^3} \mathrm{d}\sigma \qquad (6-23)$$

$$\Delta g_T(\text{海洋}) = \frac{1}{2} G\Delta_{p2} R^2 \iint_\sigma \frac{(H-H_0)^2}{l} \cdot sgn(H-H_0)\mathrm{d}\sigma \qquad (6-24)$$

式(6-24)中，Δ_{p2} 为地壳密度 ρ 与海水密度之差[$\Delta_{p2}=(2.67-1.03)\mathrm{g/cm}^3$]，$sgn(H-H_0)$ 为 $(H-H_0)$ 的符号，这里 H 为海水深度，当 $H>H_0$ 时取正号，当 $H<H_0$ 时取负号。

第二步，求定残差大地水准面的协方差函数，首先将陆海 N_{0r} 形成的 $5'\times5'$ 格网值，按简单平均法求得拼接区大地水准面平均值 $\bar{N}_{0r}$，则得残差量：

$$\delta N_{0r} = N_{0r} - \bar{N}_{0r} \qquad (6-25)$$

按下式集平均算子 M 计算对应角距 ψ 的协方差"采样"值：

$$\mathrm{cov}(\delta N_{0r},\ \delta N_{0r},\ \psi) = \mathrm{M}(\delta N_{0r} \cdot \delta N_{0r},\ \psi) \qquad (6-26)$$

利用以下协方差函数拟合"采样值"，确定局部协方差函数的参数：

$$C(\psi) = C(S) = \frac{C_0}{1+\left(\dfrac{S}{d}\right)^2} \qquad (6-27)$$

$$C(\psi) = C(S) = C_0 e^{-A^2 S^2} \qquad (6-28)$$

式中，S 为点间距离，d 为相关长度，$C_0=C(0)$，A 为常数，与相关长度 d 的关系为

$$d = \frac{1}{A}\sqrt{\ln 2} \qquad (6-29)$$

第三步，推估内插残差大地水准面高：

$$\delta \widehat{N}_P = \boldsymbol{C}_{Pl}\boldsymbol{C}_{ll}^{-1} \cdot \boldsymbol{l} \qquad (6\text{-}30)$$

式(6-30)中，P 为外插点，$\boldsymbol{C}_{ll}$ 为格网观测值向量 $\boldsymbol{l}$ 的协方差矩阵，$\boldsymbol{C}_{Pl}$ 为 P 点与格网点之间的协方差向量。外插范围可取一倍或两倍相关长度的宽度，形成的陆海似大地水准面的宽度为 (d_1+d_2) 或 $2(d_1+d_2)$，d_1 和 d_2 分别为陆海残差高程异常的相关长度。

第四步，求重叠带格网上陆地和海洋残差大地水准面起伏的差值：

$$\Delta(\delta N) = \delta \widehat{N}_1 + \delta \widehat{N}_2 \qquad (6\text{-}31)$$

式(6-31)中，$\delta \widehat{N}_1$ 为陆地残差大地水准面起伏推估值，$\delta \widehat{N}_2$ 为海洋残差大地水准面起伏推估值。对差值序列用二次曲面拟合，并假定大地水准面起伏与高程相关，写成残差扰动位的形式为

$$\delta T = \gamma \Delta(\delta N) \qquad (6\text{-}32)$$

γ 为正常重力平均值，$a_{ik}(i,\ k=0,\ 1,\ \cdots,\ 3)$ 为待求拟合系数，ε 为拟合误差。其矩阵形式为

$$\boldsymbol{l}_\Delta = \boldsymbol{BX} + \varepsilon \qquad (6\text{-}33)$$

$$\boldsymbol{X} = [a_{00},\ a_{10},\ \cdots,\ a_{23}]^T$$

式(6-33)中，$\boldsymbol{l}_\Delta$ 为差值 $\Delta\gamma(\delta\zeta)$，视为观测量，$\boldsymbol{B}$ 为观测方程的系数矩阵，$\Delta\varphi = \varphi - \varphi_0$，$\Delta\lambda = \lambda - \lambda_0$，$\Delta h = h - h_0$，$(\varphi_0,\ \lambda_0,\ h_0)$ 为拼接带中心格网点大地坐标。

残差扰动位 δT 应满足 Laplace 方程：

$$\Delta(\delta T) = 0 \qquad (6\text{-}34)$$

$$\Delta = R^2 \frac{\partial}{\partial h^2} + 2R\frac{\partial}{\partial h} + \frac{\partial^2}{\partial \varphi^2} - \tan\varphi_0 \frac{\partial}{\partial \varphi} + \frac{\partial^2}{\cos^2\varphi_0 \partial \lambda^2} \qquad (6\text{-}35)$$

式(6-35)中设 $\dfrac{\partial}{\partial r} \approx \dfrac{\partial}{\partial h}$，$R$ 为地球平均半径，则拟合系数 a_{ik} 应满足方程：

$$\begin{cases} 2R^2a_{11}+2Ra_{10}+2a_{22}-\tan\varphi_0 a_{20}+\dfrac{2}{\cos^2\varphi_0}a_{33}=0 \\[2mm] 4Ra_{11}-\tan\varphi_0 a_{12}=0 \\[2mm] Ra_{12}-\tan\varphi_0 a_{22}=0 \\[2mm] 2Ra_{13}-\tan\varphi_0 a_{23}=0 \end{cases} \qquad (6-36)$$

上式的矩阵形式为

$$O=CX \qquad (6-37)$$

式(6-37)中，C 为系数矩阵，X 可由以下带约束条件的间接观测平差模型求解：

$$\left.\begin{array}{r} l_\Delta=BX+\varepsilon \\[2mm] O=CX \end{array}\right\} \qquad (6-38)$$

对式(6-38)组成法方程并求解得

$$\widehat{X}=N_{bb}^{-1}\left[I-C^T N_{cc}^{-1}C(N_{bb}^{-1})\right]l_\Delta \qquad (6-39)$$

式(6-39)中，$N_{bb}=B^T PB$，$N_{cc}=C(N_{bb}^{-1})C^T$，权 P 由两类推估值之差的误差方差确定；由此可由式(6-32)求得任意点的两残差大地水准面起伏面之间的系统偏差改正 $\Delta(\delta\widehat{N}_{12})$，并对海洋残差大地水准面起伏进行校正，得校正后的海洋大地水准面起伏 $\Delta\delta\widehat{N}_2$：

$$\begin{cases} \delta\widehat{N}_2=\delta\widehat{N}_2+\Delta(\delta\widehat{N}_{12}) \\[2mm] \Delta(\delta\widehat{N}_{12})=\dfrac{1}{\gamma}\delta T \end{cases} \qquad (6-40)$$

第五步，陆地高程异常不变，最后按式(6-13)的逆过程将拼接后的海洋残差高程异常恢复为陆海统一高程异常，并估算精度，其中要考虑观测噪声 ε，并在 C_{ll} 中加入 $C_{\varepsilon\varepsilon}$，即

$$C_{ll}=C_{ll}+C_{\varepsilon\varepsilon} \qquad (6-41)$$

推估值 $\widehat{N}$ 的方差为

$$C_{\widehat{N}\widehat{N}}=C_{NN}-C_{Nl}\left(C_{ll}+C_{\varepsilon\varepsilon}\right)^{-1}C_{lN} \qquad (6-42)$$

上式可分别用于陆地和海洋高程异常推估值的精度估算。

拼接后的海洋大地水准面高的精度估算可由下式计算：

$$C_{\overline{NN}} = C_{\widehat{NN}} + C_{\Delta\Delta} \tag{6-43}$$

式中，$C_{\widehat{NN}}$ 为未经改正的海洋大地水准面的方差阵，$C_{\Delta\Delta}$ 为校正数方差阵：

$$C_{\Delta\Delta} = \widehat{\sigma_0^2} \left[BN_{bb}^{-1} (I - C^T N_{cc}^{-1} C N_{bb}^{-1}) B^T \right] \tag{6-44}$$

$$\widehat{\sigma_0^2} = \frac{V^T P V}{r} \tag{6-45}$$

式 (6-45) 中，r 为多余观测数 ($r = n - u$)，u 为未知参数个数，这里取 $u = 10$。

6.2.3 扩展拼接法

(1) 重力空白区的填充

用全球重力位模型计算的重力异常值填充，计算公式为

$$\Delta g(r, \varphi, \lambda) = \frac{GM^n}{r^2} \sum_{n=2}^{\infty} (n-1) \left(\frac{a}{r} \right)^n \sum_{m=0}^{n} \sum_{m=0}^{1} \overline{C}_{nm}^{\alpha} \overline{Y}_{nm}^{\alpha}(\theta, \lambda) \tag{6-46}$$

式中，(r, φ, λ) 为球面坐标，$\theta = \frac{\pi}{2} - \varphi$ 为余纬，GM 为地心引力常数，a 为地球椭球长半径，在 EGM2008 模型中，$GM = 3986004.415 \times 10^8 \, \mathrm{m^3 s^{-2}}$，$a = 6378136.3\mathrm{m}$。$\overline{C}_{nm}^{\alpha}$ 为完全规格化位系数：

$$\overline{C}_{nm}^{\alpha} = \begin{cases} \overline{C}_{nm} \, (\alpha = 0) \\ \overline{C}_{nm} \, (\alpha = 1) \end{cases} \tag{6-47}$$

$\overline{Y}_{nm}^{\alpha}(\theta, \lambda)$ 为球面谐函数：

$$\overline{Y}_{nm}^{\alpha}(\theta, \lambda) = \begin{cases} \overline{P}_{nm}(\cos\theta) \cos m\lambda \, (\alpha = 0) \\ \overline{P}_{nm}(\cos\theta) \sin m\lambda \, (\alpha = 1) \end{cases} \tag{6-48}$$

$\overline{P}_{nm}(\cos\theta)$ 为完全规格化的缔合 Legnedre 函数，地心距 r 可由下式

计算：

$$r = a\left(1 - f \cdot \sin^2\varphi + \frac{5}{2}f^2\sin^2\varphi\cos^2\varphi\right) \tag{6-49}$$

式（6-49）中，f 为椭球扁率，$f = 1/298.257$。

重力异常的填充为 $5' \times 5'$ 格网平均值，由格网 4 个节点值取平均值确定。

用地形均衡归算内插值填充，在陆海交界区地形均衡改正公式为

$$\delta g_{IC}^{\text{陆海}} = G\Delta\rho_1 \iiint\limits_{\sigma 1}^{z_2} \frac{z - z_P}{r^3}\mathrm{d}z\mathrm{d}\sigma_1 - G\Delta\rho_1 \iiint\limits_{\sigma 2}^{z_{2'}} \frac{z - z_P}{r^3}\mathrm{d}z\mathrm{d}\sigma_2 + G\Delta\rho_2 \iiint\limits_{\sigma 2}^{z_{2'}} \frac{z - z_P}{r^3}\mathrm{d}z\mathrm{d}\sigma_2$$

$$\tag{6-50}$$

式中

$$z_1 = D, \ z_2 = D + \mathrm{d}(x, \ y)$$

$$z_1' = D - \mathrm{d}'(x, \ y), \ z_2' = 0$$

$$z_1'' = 0, \ z_2'' = h'(x, \ y)$$

拟合内插所依据的实测重力异常数据为空白区周围的陆地重力异常数据和海洋测高重力异常数据，也包括可能获得的船测重力异常数据。

（2）陆海拼接重力大地水准面的计算公式

重力大地水准面可按 Stokes 积分公式或 Molodensky 级数解进行计算，均应用 FFT 技术。

以平面坐标表示的 Stokes 积分二维卷积式：

$$N(x, \ y) = \frac{1}{4\pi\gamma R}F_2^{-1}\{F_2[\Delta g(x, \ y)] \cdot F_2[S(x, \ y)]\} \tag{6-51}$$

式中，F_2 和 F_2^{-1} 分别为二维 Fourier 变换与逆变换，$S(x, \ y)$ 为用平面坐标表示的 Stokes 函数，$\Delta g(x, \ y)$ 为空间重力异常。

顾及一次项的 Molodensky 级数的卷积式，相应的高程异常 Molodensky 级数解为

$$N = \frac{1}{\gamma}(T_0 + T_1) \tag{6-52}$$

式(6-52)中，T_0 为 Stokes 积分，但其中的空间重力异常理论上为地形面上的值，其卷积式同式(6-49)，一次项 T_1 的卷积式为

$$T_1 = -h\Delta g - \frac{1}{2\pi}[h(\Delta g \times d_z)] \times l_N \qquad (6\text{-}53)$$

式中，d_z 为垂向梯度算子，l_N 为平面坐标表示的 Stokes 函数主项。

(3)重力大地水准面与 GPS/水准大地水准面的拟合和校正

以 GPS/水准大地水准面起伏网及测高平均海面高为控制，将重力大地水准面与陆地 GPS/水准网点上的大地水准面高以及适当选定的测高平均海面高格网值(如取 1°×1°格网)进行拟合，采用多项式拟合模型视拟合区域大小，多项式的阶次最高取至四阶。

拟合多项式形式为

$$\Delta N = \alpha_0 + \alpha_1(\varphi - \varphi_m) + \alpha_2(\lambda - \lambda_m) + \cdots + \alpha_{14}(\lambda - \lambda_m)^4 \qquad (6\text{-}54)$$

式(6-54)中，$\Delta N = N_{\text{GPS}} - N_G$(陆地)，$\Delta N = h_{\text{MSS}} - N_G$(海洋)，其中 h_{MSS} 为平均海面高。当通过最小二乘方法解得拟合系数 α_i($i = 1$，2，$\cdots$，14)，应按式(6-55)对由重力数据确定的 N_G 进行校正。

$$\overline{N} = N_G + \Delta N \qquad (6\text{-}55)$$

式中，$\overline{N}$ 为校正后的值，ΔN 为根据计算点地理坐标计算得到的校正值。当计算陆海重力大地水准面时，陆地和海洋上的所有重力大地水准面的格网点值都应进行校正，并最终得到陆海统一的经校正的重力大地水准面结果。

当拼接区域为由沿海岸线两侧区域组成的一个有限拼接带，且在拼接前整个陆地部分已完成了重力大地水准面与 GPS/水准的拟合校正计算，确定了陆地经校正后的重力大地水准面，为避免重新计算增加额外工作量，陆海拼接带可限于约 100km 的宽度范围，这时多项式的阶次可降低到二次项，并按纬度分为南北两个拟合区，拟合计算过程相同。

第 7 章

多源重力数据融合方法

近年来，随着全球重力场数据的不断累积和更新，构建高精度、高分辨率重力场模型的需求日益迫切。局部地区可能存在多种测量数据，如地面重力数据、卫星重力数据、测高重力数据等。由于这些数据的采集时间、测量手段和数据处理方式各不相同，它们在数据类型、频谱、分辨率及数据精度等方面存在诸多差异。因此，如何有效地融合各类观测数据，弥补彼此之间的不足，成为目前测绘科学与技术学科领域的重要研究课题。

本章在对现有重力测量技术及其数据特性进行简要介绍的基础上，对最小二乘配置法、最小二乘谱组合法和方差分量估计法等几种比较流行的多源重力数据融合方法及其适用性进行了详细探讨，为下文融合多源数据奠定了理论基础。

7.1 最小二乘配置法

最小二乘配置法 Least-Squares Collocation，是由 Moritz 和 Krarup 于 20 世纪 60 年代提出和发展起来的重力场逼近理论。它突出的优势是可综合处理不同类型、不同高度、不同分布的重力场观测数据，进而实现对其他重力场参量的内插、外推或延拓。

所有重力场元都可看成空间平稳随机场的随机量，在考虑观测噪声的情况下，任意重力场观测量 y 都可表示为扰动位的线性范函：

$$y = LT + e \tag{7-1}$$

式（7-1）中 L 为算子向量，T 为扰动位，e 表示观测噪声。可得最小二乘预估公式（Moritz，1980）：

$$\widehat{S} = C_{sy}(C_{yy} + D)^{-1} y \tag{7-2}$$

式（7-2）中，$\widehat{S}$、y 分别为待估信号和观测值，C_{sy} 为待估信号与观测值之间的协方差函数，C_{yy} 为观测量的协方差函数，D 为噪声协方差矩阵，用于计算过程中的滤波和加权。

如果将式（7-2）应用于确定大地水准面，则有：

$$\widehat{N} = C_{N,\Delta g}(C_{\Delta g,\Delta g} + D_{\Delta g})^{-1} \Delta g \tag{7-3}$$

式（7-3）中，$C_{N,\Delta g}$ 为大地水准面与重力异常观测值之间的协方差函数，$C_{\Delta g,\Delta g}$ 为重力异常的协方差函数，$D_{\Delta g}$ 为重力异常误差方差矩阵。

协方差函数提供了信号与信号之间、观测值与观测值之间以及信号与观测值之间的关联，进而可以预测其他未知重力场参量，因此应用最小二乘配置法精确求定大地水准面等重力场参量的关键是确定恰当的协方差函数。

球面外的空间两点（P，Q）扰动位的协方差函数可表示为

$$K(P, Q) = \sum_{n=2}^{\infty} \sigma_n \left(\frac{R^2}{rr'}\right)^{n+2} P_n(\cos\psi) \tag{7-4}$$

式中，r、r' 分别为 P、Q 的地心向径，σ_n 为阶方差，根据球谐展开理论并顾及球谐函数的正交关系，可得

$$\sigma_n = \sum_{m=0}^{\infty} (\Delta \overline{C}_{nm}^2 + \overline{S}_{nm}^2) \tag{7-5}$$

重力场的所有参量 Δg、ξ、η、N 等都可表示为扰动位 T 的泛函，若相应的泛函算子分别用 $L_{\Delta g}$、L_{ξ}、L_{η}、L_N 表示，则有

$$L_{\Delta g} = -\frac{\partial}{\partial r} - \frac{2}{r} \tag{7-6}$$

$$L_\xi = -\frac{1}{r\gamma_0} \frac{\partial}{\partial\varphi} \tag{7-7}$$

$$L_\eta = -\frac{1}{r\cos\varphi\gamma_0} \frac{\partial}{\partial\lambda} \tag{7-8}$$

$$L_N = \frac{1}{\gamma_0} \tag{7-9}$$

则依据协方差的传播定律和式(7-6)~式(7-9)，可得以下重力场元之间的协方差和互协方差：

$$C_{N,\Delta g} = L_N^P L_{\Delta g}^Q K(P, Q) = \frac{1}{\gamma_0}\left(-\frac{\partial K}{\partial r'} - \frac{2}{r'}K\right) \tag{7-10}$$

$$C_{N,\xi} = L_N^P L_\xi^Q K(P, Q) = -\frac{1}{\gamma_0^2 r'} \frac{\partial K}{\partial\varphi'} \tag{7-11}$$

$$C_{N,\eta} = L_N^P L_\eta^Q K(P, Q) = -\frac{1}{\gamma_0^2 r'\cos\varphi} \frac{\partial K}{\partial\lambda'} \tag{7-12}$$

$$C_{N,N} = L_N^P L_N^Q K(P, Q) = \frac{1}{\gamma_0^2}K \tag{7-13}$$

$$C_{\Delta g,\Delta g} = L_N^P L_{\Delta g}^Q K(P, Q) = \frac{\partial K^2}{\partial r \partial r'} + \frac{2}{r}\frac{\partial K}{\partial r} + \frac{4}{rr'}K \tag{7-14}$$

$$C_{\Delta g,\xi} = L_{\Delta g}^P L_\xi^Q K(P, Q) = -\frac{1}{\gamma_0}\left(\frac{1}{r'}\frac{\partial^2 K}{\partial r \partial\varphi'} + \frac{2}{rr'}\frac{\partial K}{\partial\varphi'}\right) \tag{7-15}$$

$$C_{\Delta g,\eta} = L_{\Delta g}^P L_\eta^Q K(P, Q) = -\frac{1}{\gamma_0}\left(\frac{1}{r'\cos\varphi'}\frac{\partial^2 K}{\partial r \partial\lambda'} + \frac{2}{rr'\cos\varphi}\frac{\partial K}{\partial\lambda'}\right) \tag{7-16}$$

$$C_{\xi,\xi} = L_\xi^P L_\xi^Q K(P, Q) = \frac{1}{rr'}\frac{\partial^2 K}{\partial\varphi\partial\varphi'}\frac{1}{\gamma_0^2} \tag{7-17}$$

$$C_{\eta,\eta} = L_\eta^P L_\eta^Q K(P, Q) = \frac{1}{rr'\cos\varphi\cos\varphi'}\frac{\partial^2 K}{\partial\lambda\partial\lambda'}\frac{1}{\gamma_0^2} \tag{7-18}$$

$$C_{\xi,\eta} = L_\xi^P L_\eta^Q K(P, Q) = \frac{1}{rr'\cos\varphi'}\frac{\partial^2 K}{\partial\varphi\partial\lambda'}\frac{1}{\gamma_0^2} \tag{7-19}$$

当已知 $K(P, Q)$，可按以上公式计算任意两个信号之间的协方差。由于重力场的观测数据经常是重力异常，因此重力异常协方差［式(7-14)］

尤其重要，习惯用 $C(\psi)$ 来表示 $C_{\Delta g,\Delta g}$，根据式(7-4)和式(7-14)，不难导出其表达式：

$$C(\psi) = \sum_{n=2}^{\infty} C_n \left(\frac{R^2}{rr'}\right)^{n+2} P_n(\cos\psi) \tag{7-20}$$

式中，C_n 为重力异常阶方差，与 σ_n 存在如下关系：

$$C_n = \left(\frac{n-1}{R}\right)^2 \sigma_n \tag{7-21}$$

以上公式就是全球协方差模型下的表示形式。但是，当观测数据用于局部地区的重力信号预测时，则需要一个与该地区重力数据相适应的局部协方差模型。式(7-4)中涉及高阶次(至无穷)的扰动位阶方差求和，而现有的重力位模型展开式均截断至某一阶次，故高于重力位模型的阶方差常用阶方差模型代替。Tscherning-Rapp(1974)利用一个低阶位模型系数结合局部重力异常数据拟合得到的阶方差模型为

$$\sigma_{n,model}(T,\ T) = \frac{A}{(n-1)(n-2)(n+B)} \tag{7-22}$$

式中，$B=24$，A 为待拟合的局部参数。实际应用中的局部重力数据通常为剩余数据，同时顾及参考模型位系数误差对协方差的影响，扰动位的局部协方差表达式可表示为

$$K(P,\ Q) = \sum_{n=2}^{M} \varepsilon_n(T,\ T) \left(\frac{R^2}{rr'}\right)^{n+2} P_n(\cos\psi) +$$

$$\sum_{n=M+1}^{\infty} \sigma_{n,\ model}(T,\ T) \left(\frac{R^2}{rr'}\right)^{n+2} P_n(\cos\psi) \tag{7-23}$$

式(7-23)中，R 为 Bjerhammar 球半径，$\varepsilon_n(T,\ T)$ 为参考模型误差阶方差的相关量，通过平滑因子 β 与位模型误差阶方差联系，R、β 均为待估参数：

$$\varepsilon_n(T,\ T) = \beta \sum_{m=0}^{n} [(\delta_{C_{nm}})^2 + (\delta_{S_{nm}})^2] \tag{7-24}$$

式(7-24)中，$\delta_{C_{nm}}$ 和 $\delta_{S_{nm}}$ 分别为重力位模型相应阶次位系数的中误差。

利用重力异常输入数据，在经验协方差函数的基础上，按最小二乘配置法分别拟合出平滑因子 β、R 和 A，则局部地区重力场元的方差与协方差均可求得，从而根据式(7-2)求得待估信号值。

需要说明的是，应用最小二乘配置法进行局部重力场建模，必须通过移去—恢复过程。因为最小二乘配置法处理的随机信号，不论是待推估的还是观测的，都要求重力场信号的期望值为零。如果不进行移去—恢复处理，得到的推估结果将是有偏的(Yi，1995；Hwang，1989)。

7.2 最小二乘谱组合法

最小二乘谱组合法又称 Wenzel 方法，其主要原理如下：设已知一个地球重力场模型 T_G 和多种重力观测数据 $y_k(k=1，2，\cdots)$，则每一类观测数据都可根据相应的泛函关系 $y_k = L_k T$，通过调和分析确定一个位模型 $T_k = \sum\limits_{n=2}^{\infty} T_{k,n}$，对 $T_{G,n}$、$T_{k,n}$ 观测谱分量进行加权最小二乘估计得到 $\widehat{T}_n$，最终扰动位的最佳估值可表示为 $\widehat{T} = \sum\limits_{n=2}^{\infty} \widehat{T}_n$。

若已知一个重力场模型，则球面上任何一点的扰动位可表示为

$$\widehat{T}_G = \sum_{n=2}^{N_G} \left(\frac{R_E}{r} \right)^{n+1} \widehat{T}_{G,n} \tag{7-25}$$

式中，$\widehat{T}_{G,n}$ 为 $\widehat{T}_G$ 的 n 阶谱分量。

$$\widehat{T}_{G,n} = \frac{GM}{R_E} \left(\frac{R_E}{r} \right)^{n+1} \sum_{m=0}^{n} (\Delta \overline{C}_{nm} \cos m\lambda + \overline{S}_{nm} \sin m\lambda) \overline{P}_{nm}(\cos\theta) \tag{7-26}$$

若该地球重力场模型是由卫星数据反演得到的，则模型的误差包括位系数估计误差和截断误差两个方面，其误差协方差模型可表示为

$$\mathrm{cov}(\widehat{T}_G，\widehat{T}_G) = \sum_{n=2}^{N_G} \varepsilon_n \left(\frac{R_E}{r} \right)^{2n+2} P_n(\cos\psi) + \sum_{n=N_G+1}^{\infty} \sigma_n \left(\frac{R_E}{r} \right)^{2n+2} P_n(\cos\psi)$$

$$\tag{7-27}$$

式中，ε_n 为模型 $\widehat{T}_G$ 的误差阶方差。

根据球谐函数的正交性及复杂的推导过程，同样可以得到重力异常和大地水准面的谱分量表达式：

$$\widehat{T}_{\Delta g} = \sum_{n=2}^{N_{\Delta g}} \left(\frac{R_E}{r}\right)^{n+1} \widehat{T}_{\Delta g,n} \tag{7-28}$$

$$\widehat{T}_N = \sum_{n=2}^{N_N} \left(\frac{R_E}{r}\right)^{n+1} \widehat{T}_{N,n} \tag{7-29}$$

式(7-28)和式(7-29)中，$\widehat{T}_{\Delta g,n}$ 和 $\widehat{T}_{N,n}$ 分别为 $\widehat{T}_{\Delta g}$ 和 $\widehat{T}_N$ 的谱分量，它们的误差协方差模型分别为

$$\mathrm{cov}(\varepsilon_{\Delta g},\ \varepsilon_{\Delta g}) = \sum_{n=2}^{N_{\Delta g}} \varepsilon_n(\Delta g,\ \Delta g)\left(\frac{R_E}{r}\right)^{2n+2} P_n(\cos\psi) +$$

$$\sum_{n=N_{\Delta g}+1}^{\infty} \sigma_{n,\,model}(T,\ T)\left(\frac{R_E}{r}\right)^{2n+2} P_n(\cos\psi) \tag{7-30}$$

和

$$\mathrm{cov}(\varepsilon_N,\ \varepsilon_N) = \sum_{n=2}^{N_N} \varepsilon_n(N,\ N)\left(\frac{R_E}{r}\right)^{2n+2} P_n(\cos\psi) +$$

$$\sum_{n=N_N+1}^{\infty} \sigma_{n,\,model}(T,\ T)\left(\frac{R_E}{r}\right)^{2n+2} P_n(\cos\psi) \tag{7-31}$$

式(7-30)和式(7-31)中，$\varepsilon_n(\Delta g,\ \Delta g)$ 和 $\varepsilon_n(N,\ N)$ 分别为重力异常和大地水准面起伏的误差阶方差，其符号和意义同前文。

如果得到了三类数据的谱分量 $\widehat{T}_{G,n}$、$\widehat{T}_{\Delta g,n}$ 和 $\widehat{T}_{N,n}$ 和相应的误差协方差模型，那么接下来的问题就可归结为一个普通的最小二乘平差问题，即根据已知的误差协方差模型对各谱分量分别进行赋权，并求解组合谱分量的最小二乘解，如式(7-32)所示：

$$\widehat{T} = \sum_{n=2}^{N_{\max}} \left(\frac{R_E}{r}\right)^{n+1} \widehat{T}_n = \sum_{n=2}^{N_{\max}} \left(\frac{R_E}{r}\right)^{n+1} P_n^T \widehat{T}_n \tag{7-32}$$

式中，P_n 为 n 阶谱权向量，$\widehat{T}_n$ 为由不同数据估计的 n 阶谱分量向量。应用残差在此处键入公式。平方和最小条件，可确定谱权向量为

$$P_n^T = (E^T \sum_n^{-1} E)^{-1} \cdot E^T \sum_n^{-1} \tag{7-33}$$

式中，$\sum_n$ 为 n 阶谱分量的误差协方差矩阵，E 为单位向量。

谱分量组合最小二乘解的精度，可用以下误差协方差函数表示：

$$\mathrm{cov}(\varepsilon_{\widehat{T}},\ \varepsilon_{\widehat{T}}) = \sum_{n=2}^{N_{\max}} \varepsilon_n(\widehat{T},\ \widehat{T}) \left(\frac{R_E}{r}\right)^{2n+2} P_n(\cos\psi) +$$

$$\sum_{n=N_{\max}+1}^{\infty} \sigma_{n,\,model}(T,\ T) \left(\frac{R_E}{r}\right)^{2n+2} P_n(\cos\psi) \tag{7-34}$$

式中

$$\varepsilon_n(\widehat{T},\ \widehat{T}) = P_n^T \sum_n P_n + (1 - E^T P_n)^2 \varepsilon_n(T,\ T) \tag{7-35}$$

另外，为了计算方便，实际上可将 $\widehat{T}_n$ 分成三项分别计算，如式(7-36)所示：

$$\widehat{T}_n = P_n^T \widehat{T}_n = P_{G,n} \widehat{T}_{G,n} + P_{\Delta g,n} \widehat{T}_{\Delta g,n} + P_{N,n} \widehat{T}_{N,n} \tag{7-36}$$

将式(7-36)再次代入式(7-32)，可得

$$\widehat{T} = \sum_{n=2}^{N_G} \left(\frac{R_E}{r}\right)^{n+1} P_{G,\,n} \widehat{T}_{G,\,n} + \sum_{n=2}^{N_{\Delta g}} \left(\frac{R_E}{r}\right)^{n+1} P_{\Delta g,n} \widehat{T}_{\Delta g,n} + \sum_{n=2}^{N_N} \left(\frac{R_E}{r}\right)^{n+1} P_{N,\,n} \widehat{T}_{N,\,n} \tag{7-37}$$

根据 Bruns 公式，最终得到的融合大地水准面为

$$\widehat{N} = \widehat{N}_G + \widehat{N}_{\Delta g} + \widehat{N}_N \tag{7-38}$$

最小二乘谱组合法是解析法和统计估计法的一种综合运用，可以同时处理多种不同类型观测数据并兼顾误差信息，这点和最小二乘配置法比较相近，但由于这个方法一般限于格网观测数据，不如最小二乘配置法灵活。

7.3 方差分量估计法

在利用多种类型的观测数据进行重力场建模时，在许多情况下，观测值的精度并不能完全知道，这给各观测值的定权带来了困难。以往的做法是按照经验公式确定，如依据仪器出厂的标称精度估算各自的方差等。实

践证明，这种用验前方差来确定各类观测量权重的方法是不准确的。为了提高方差估计的精度，20 世纪 70 年代开始出现了用验后的手段估计各类观测量方差的方法——方差分量估计法（Rao，1973；Koch，2013）。其基本思想是：先对各类观测量定初权，进行预平差，然后利用预平差得到各类观测值的改正数，最后依据一定的原则对各类观测量的方差因子作出估计，并依次定权。

径向基函数表示下的重力场元（如重力异常、垂线偏差和大地水准面起伏等）都具有相同的基函数系数 α，若共同用于局部重力场建模，则可进一步写成如下的线性方程：

$$\begin{bmatrix} \mathbf{y}_1 \\ \mathbf{y}_2 \\ \vdots \\ \mathbf{y}_j \\ \vdots \\ \mathbf{y}_J \end{bmatrix} = \begin{bmatrix} \mathbf{A}_1 \\ \mathbf{A}_2 \\ \vdots \\ \mathbf{A}_j \\ \vdots \\ \mathbf{A}_J \end{bmatrix} \boldsymbol{\alpha} + \begin{bmatrix} \mathbf{e}_1 \\ \mathbf{e}_2 \\ \vdots \\ \mathbf{e}_j \\ \vdots \\ \mathbf{e}_J \end{bmatrix} \qquad (7-39)$$

式（7-39）中，$\mathbf{A}_j$ 为第 j 组观测值设计矩阵，$\mathbf{y}_j$ 为第 j 组观测值，$\boldsymbol{\alpha}$ 为待求的径向基函数系数，$\mathbf{e}_j$ 为随机观测误差，并服从 $E\{\mathbf{e}\}=0$，$D\{\mathbf{e}\}=\mathbf{C}$。$\mathbf{C}=\mathrm{diag}(\mathbf{C}_1,\cdots,\mathbf{C}_J)$，为观测误差的方差—协方差矩阵，并有 $\mathbf{C}_j=\sigma_j^2\mathbf{P}_j^{-1}$。式（7-39）的法方程形式可表示为

$$\left[\sum_{j=1}^{J}\frac{1}{\sigma_j^2}\mathbf{A}_j^T\mathbf{P}_j\mathbf{A}_j+\beta\mathbf{I}\right]\boldsymbol{\alpha}=\sum_{j=1}^{J}\frac{1}{\sigma_j^2}\mathbf{A}_j^T\mathbf{P}_j\mathbf{y}_j \qquad (7-40)$$

式（7-40）中，σ_j^2 为各观测组的方差因子，$\mathbf{P}_j$ 为第 j 组观测值权阵，$\mathbf{I}$ 为单位矩阵，β 为正则化参数。正则化参数可认为是径向基函数系数的先验信息，则式（7-39）可增加第 $J+1$ 组观测方程。

$$\boldsymbol{\mu}=\boldsymbol{\alpha}+\mathbf{e}_\mu,\ D\{\mathbf{e}_\mu\}=\frac{1}{\beta}\mathbf{I}=\sigma_\mu^2\mathbf{I} \qquad (7-41)$$

式（7-41）中，$\boldsymbol{\mu}$ 为未知参数 $\boldsymbol{\alpha}$ 的先验信息，σ_μ^2 为对应的未知方差因

子，则正则化参数 β 是方差因子 σ_μ^2 的倒数。

顾及各种观测数据间的精度差异，方差分量估计法在求解基函数系数的同时，一并对各方差因子和正则化参数进行估计。根据 Kusche(2002)提出的理论，各观测组的方差因子可表示为

$$\widehat{\sigma_j^2} = \frac{\widehat{\mathbf{e}}_j^T \mathbf{P}_j \widehat{\mathbf{e}}_j}{r_j} \tag{7-42}$$

$$\widehat{\sigma_\mu^2} = \frac{\widehat{\mathbf{e}}_\mu^T \mathbf{P}_\mu \widehat{\mathbf{e}}_\mu}{r_\mu} \tag{7-43}$$

式(7-42)和式(7-43)中，$\widehat{\mathbf{e}}_j$、$\widehat{\mathbf{e}}_\mu$ 为观测组的剩余，r_j、r_μ 为冗余数，可表示为

$$r_j = n_j - \frac{1}{\sigma_j^2} tr(\mathbf{A}_j^T \mathbf{P}_j \mathbf{A}_j \mathbf{N}^{-1}) = n_j - \frac{1}{\sigma_j^2} tr(\mathbf{N}_j \mathbf{N}^{-1}) \tag{7-44}$$

$$r_\mu = u - \frac{1}{\sigma_\mu^2} tr(\mathbf{P}_\mu \mathbf{N}^{-1}) \tag{7-45}$$

式(7-44)和式(7-45)中，n_j 表示第 j 组重力观测值的个数，u 为基函数系数 α 的个数，$\mathbf{N}_j$ 为第 j 组观测值法方程矩阵，$\mathbf{N}$ 为所有观测值的总法方程矩阵。$tr(\mathbf{N}_j \mathbf{N}^{-1})$ 是观测组 j 对基函数系数 α 影响大小的测度，若 $tr(\mathbf{N}_j \mathbf{N}^{-1})$ 等于未知参数 α 的个数，则 α 完全由第 j 组观测值决定；若 $tr(\mathbf{N}_j \mathbf{N}^{-1})$ 为零，则第 j 组观测值对 $\boldsymbol{\alpha}$ 没有贡献(Klees et al. ，2008)。

方差因子通常采用迭代法进行求解，即先给定先验的初始方差因子 $\sigma_{j,0}^2$，然后依据最小二乘估计法计算出基函数系数的初始估值 $\widehat{\alpha}$，进一步得到各个观测组的最小二乘剩余并按式(7-42)和式(7-43)求解新的方差因子，接着进入下一步循环，直至满足：

$$\max \frac{\widehat{\sigma_{j,i}^2} - \widehat{\sigma_{j,i-1}^2}}{\widehat{\sigma_{j,i}^2}} \leqslant \tau (j=1, \cdots, J) \tag{7-46}$$

式(7-46)中，τ 为收敛阈值，通常取为 0.01，$\widehat{\sigma_{j,i}^2}$ 为经过 i 次迭代后的第 j 组观测值的方差因子。

式(7-44)和式(7-45)涉及了法方程矩阵的逆 $\mathbf{N}^{-1}$，然而对于大型的线

性系统，法方程矩阵往往不可逆，计算起来比较困难；另外，方差因子的确定需要多次迭代，而每一次迭代都需要计算一次法方程的逆矩阵，计算过程也非常耗时。为了加快计算速度，通常可以采用随机迹估计理论予以解决(Kusche & Klees，2002)。

根据 Hutchinson(1989)提出的理论，有：

$$E(\boldsymbol{u}^T\boldsymbol{B}\boldsymbol{u}) = tr(\boldsymbol{B}) \tag{7-47}$$

式(7-47)中，$\boldsymbol{B}$ 代表维度是 $n \times n$ 的对称矩阵，$\boldsymbol{u}$ 为随机变量 U 的 n 个独立采样，并有 $E(U) = 0$，$D(U) = 1$。那么若 U 满足概率分布 $P\{U = 1\} = 1/2$ 和 $P\{U = -1\} = 1/2$，则 $\boldsymbol{u}'\boldsymbol{B}\boldsymbol{u}$ 是 $tr(\boldsymbol{B})$ 的最小方差无偏估计量。

对权矩阵 $\boldsymbol{P}_j$ 和 $\boldsymbol{P}_\mu$ 运用 Cholesky 分解，得到：

$$\boldsymbol{P}_j = \boldsymbol{G}_j \boldsymbol{G}_j^T \tag{7-48}$$

$$\boldsymbol{P}_\mu = \boldsymbol{G}_\mu \boldsymbol{G}_\mu^T \tag{7-49}$$

$\boldsymbol{G}_j$ 和 $\boldsymbol{G}_\mu$ 表示规则的下三角正定矩阵，将其代入式(7-44)和式(7-45)：

$$r_j = n_j - \frac{1}{\sigma_j^2} tr(\boldsymbol{G}_j^T \boldsymbol{A}_j \boldsymbol{N}^{-1} \boldsymbol{A}_j^T \boldsymbol{G}_j) \tag{7-50}$$

$$r_\mu = u - \frac{1}{\sigma_\mu^2} tr(\boldsymbol{G}_\mu^T \boldsymbol{N}^{-1} \boldsymbol{G}_\mu) \tag{7-51}$$

将 $tr(\boldsymbol{G}_j^T \boldsymbol{A}_j \boldsymbol{N}^{-1} \boldsymbol{A}_j^T \boldsymbol{G}_j)$ 代入式(7-47)，则只需要计算式(7-52)的乘积：

$$\boldsymbol{u}^T \boldsymbol{G}_j^T \boldsymbol{A}_j \boldsymbol{N}^{-1} \boldsymbol{A}_j^T \boldsymbol{G}_j \boldsymbol{u} \tag{7-52}$$

令

$$\boldsymbol{\omega}_j = \boldsymbol{N}^{-1} \boldsymbol{A}_j^T \boldsymbol{G}_j \boldsymbol{u} \tag{7-53}$$

则有线性方程：

$$\boldsymbol{N} \boldsymbol{\omega}_j = \boldsymbol{A}_j^T \boldsymbol{G}_j \boldsymbol{u} \tag{7-54}$$

利用式(7-54)不难求解参数 $\boldsymbol{\omega}_j$，然后代入式(7-50)，得

$$r_j = n_j - \frac{1}{\sigma_j^2} (\boldsymbol{u}^T \boldsymbol{G}_j^T \boldsymbol{A}_j \boldsymbol{\omega}_j) \tag{7-55}$$

式(7-55)中右半部分只是矩阵的简单相乘，求解起来相对容易。但由于不同的独立采样 $\boldsymbol{u}$ 会得到不同的迹估计，实际计算中可多次采样取其平

均值 $E(\boldsymbol{u}^T \boldsymbol{G}_j^T \boldsymbol{A}_j \boldsymbol{\omega}_j)$，也可只选择一种采样（Golub & Von，1997）。

迹估计理论显著改善了方差分量估计法求解法方程逆矩阵困难的问题，它避免了对法方程矩阵直接求逆，即使对于大型线性系统也同样适用。

7.4　径向基函数多尺度融合

利用径向基函数可以对同一地区的多种重力信号同时进行多尺度分解，然后将分解后的各重力信号在对应尺度上分别进行融合，最后进行信号重构，从而达到多尺度融合的目的。径向基函数多尺度融合与最小二乘谱融合类似，都是在频率域将不同频谱分布的多源重力数据进行融合。不同的是最小二乘谱融合是在所有阶次上（每个频率上）分别加权融合，而多尺度融合则是各个尺度（每个尺度包含多个频段）进行融合。现简述如下：

考虑局部地区的两种重力观测数据：如卫星重力数据和地面重力异常数据，它们在分辨率、数据精度和频谱分布特征上均有差异。上文中也有提到，重力场信号具有多尺度特征，可以表示为一个平滑信号和若干个细节信号求和的形式，略去多尺度分析误差，则卫星重力场模型和地面重力异常可分别表示如下：

$$N^{sat}(x) = N_{j_0}^{sat}(x) + \sum_{j=j_0+1}^{J} N_j^{sat}(x) \tag{7-56}$$

$$\Delta g^{sur}(x) = \Delta g_{j_0}^{sur}(x) + \sum_{j=j_0+1}^{J} \Delta g_j^{sur}(x) \tag{7-57}$$

利用 Stokes 公式或径向基函数表示下重力场元之间的转换关系，式（7-57）可以转化为大地水准面的多尺度表达式：

$$\widehat{N}^{sur}(x) = \widehat{N}_{j_0}^{sur}(x) + \sum_{j=j_0+1}^{J} \widehat{N}_j^{sur}(x) \tag{7-58}$$

式（7-56）和式（7-57）都是关于同一地区大地水准面的多尺度表示，频谱特性的差异导致两者在不同尺度上的误差也各不相同，若它们是由同种类型的径向基函数多尺度分析得到，则可以在不同的尺度上（频段范围

内)分别进行融合:

$$\widehat{N}(x) = N_{j_0}^{sat}(x) + \sum_{j=j_0+1}^{J} w_j^{sat} N_j^{sat}(x) + \sum_{j=j_0+1}^{J} w_j^{sur} \widehat{N}_j^{sur}(x) \qquad (7-59)$$

式(7-59)中,由于局部重力场建模通常采用移去—恢复法,$N_{j_0}^{sat}(x)$ 可认为是参考重力场模型的计算值,w_j^{sat} 为卫星重力数据的 j 尺度上的权,w_j^{sur} 为地面观测值的权,并满足:

$$w_j^{sat} + w_j^{sur} = 1 (j = j_0+1, \cdots, J) \qquad (7-60)$$

运用大地水准面信号的阶方差 $\sigma_n(N, N)$ 和误差阶方差 $\varepsilon_n(N, N)$ 计算公式,可得到不同阶次下的维纳滤波曲线谱(Kern et al., 2003):

$$P_n(N) = \frac{\sigma_n(N, N)}{\sigma_n(N, N) + \varepsilon_n(N, N)} \qquad (7-61)$$

则卫星重力数据在 j 尺度上的权可表示为

$$w_j^{sat} = \frac{\sum_{n=0}^{N\max} P_n(N) \varphi_j(n)}{\sum_{n=0}^{N\max} \varphi_j(n)} \qquad (7-62)$$

图 7-1 绘制了 EIGEN-CHAMP03S 模型和地面重力数据按式(7-60)~式(7-62)计算的权的大小(Schmidt et al., 2006)。

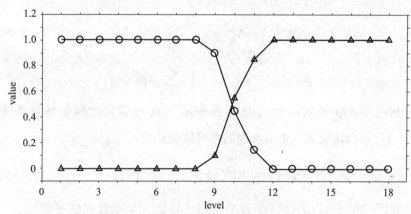

○: w_j^{sat}, △: w_j^{sur}

图 7-1　径向基函数多尺度建模权值分布

图 7-1 采用的是 Blackman 径向基函数，取参数 $b=1.55$，则其在不同尺度上球谐阶次范围为 $b^{j-1} \leqslant \varphi_j(n) \leqslant b^{j+1}$。从图中可以看出，卫星重力场模型在 0~8 尺度（球谐阶次为 0~52 阶）上的权为 1，表明低阶部分的大地水准面贡献完全来自卫星数据；而在 12~18 尺度上卫星重力数据的权为 0，则高阶（298~4133）部分贡献完全来自地面数据；两者在 9~11 尺度上（52~297）具有频谱重叠，两种重力数据对最终的大地水准面都有贡献，可以进行加权融合。第 18 尺度的重力场信号对应的最大球谐阶次为 4133 阶，从而达到高精度、高分辨率建模的目的。

7.5　本章小结

本章系统介绍了当前主要的重力场观测技术及其在频谱、精度、分辨率等方面的差异，明确了构建高阶或超高阶地球重力场模型必须充分利用不同类型的观测数据进行综合处理的事实。在移去—恢复技术的基础上，详细阐述了几种可用于融合多源重力数据的方法：最小二乘配置法、最小二乘谱组合法、方差分量估计法和径向基函数多尺度融合方法，为下面章节融合多源数据构建高分辨率的重力场模型提供了理论支撑。

第 8 章

局部大地水准面精化实例

8.1 科罗拉多地区大地水准面精化

精确且详细的大地水准面信息对研究地球形状和内部构造至关重要。近年来，随着重力观测数据的不断累积，局部大地水准面模型精化成了备受众多学者关注的热点问题。2017 年，国际大地测量学协会联合工作组（Joint Working Group）发起了 1cm 精度目标的科罗拉多大地水准面试验计划，其目的是利用相同的数据和不同的方法来构建各自的大地水准面模型，并相互比较（Sánchez et al.，2018）。

尽管影响大地水准面精化的因素很多，本书更加关注的是参考场对大地水准面模型精化效果的影响。一方面，参考重力场模型一直以来在大地水准面建模中发挥着相当重要的作用，这一点可以从众多的大地水准面精化例子中得以体现（Wang et al.，2021）；另一方面，由于不同重力场模型的精度有所差异，且随着截断阶次的增加，参考场的累积误差也会随着移去—恢复过程传递至建模结果中。Huang 等（2013）的研究表明，局部大地水准面起伏的精度与参考场模型的精度和展开阶次有重大关联。因此，对于区域大地水准面的确定，在决定最佳选择之前，应测试不同的重力场模型和不同截断阶次下的影响（Varga et al.，2021；Jiang et al.，2018）。

　　另外，径向基函数，一种具有良好局部化特性的空间函数，近年来在局部重力场建模方面展现出越来越独特的优势。Wu 等（2017）指出，基于 Stokes/Molodensky 积分的众多方法，由于需要插值处理，很难融合不同来源的重力数据。Wittwer（2009）的研究表明，当处理大量点值数据时，最小二乘配置法处理效率也不太高。因此，书中主要基于径向基函数理论研究参考场对大地水准面精化效果的影响。

　　目前，确定参考重力场模型的一个普遍方法是在建模前直接将其与 GPS/水准等数据进行比较。Jiang 等（2020）比较了 3 个模型在不同阶次上的大地水准面高与 GPS/水准的差异，最终选择 2190 阶的 EGM2008 模型作为参考场。Grigoriadis 等（2021）对移去 GOCO05S 模型 250 阶和 XGM2016 模型 719 阶后的数据残差进行比较，结果是移去 XGM2016 模型 719 阶后的剩余场更平滑，故选择移去 719 阶的 XGM2016 参考场。Mccubbine 等（2018）对比了新西兰多个模型似大地水准面与 GPS/水准的差异，结论是 EIGEN-6C4 模型更适合作为参考场。Yang（2013）也通过类似方法，确定了构建韩国大地水准面模型的参考场 EGM2008。Shih 等（2015）利用 EGM2008 模型分别计算截断至不同阶次的重力异常，与实测地面重力值比较，确定出塔希提岛最佳参考场移去阶次。参考场模型确定的另一种方法是利用其模型系数误差，即以模型系数协方差推算其传递误差（Ince et al.，2019），并使用阶方差模型来预测遗漏误差（Tscherning & Rapp，1974）。但是，由于该种方法得到的误差估计结果可能比其真实误差小，Sánchez 等（2021）认为直接与高精度的 GPS/水准数据比较可能更加合适。

　　需要强调的是，上述参考场的选择多数是在建模前比较精度的基础上得到的，由于大地水准面建模是一个综合复杂的过程，单纯的建模前比较参考场与校准数据的一致性，其建模结果未必是最佳的。因此，与前述方法不同，本书采用建模后确定的方法，即对不同的参考场、不同的移去阶次，采用径向基函数建模理论，分别开展大地水准面建模试验，并在建模后比较其精度，最终确定出适合研究区域的参考场及截断阶次。

8.1.1　研究区域、 建模数据及预处理

（1）研究区域

本书选取美国 2.5°×5°的局部地区为研究对象，具体范围为 35.5°N～38°N，108.5°W～103.5°W。该地区南北横跨科罗拉多州和新墨西哥州两个州，地形崎岖，坡度变化显著，平均高度为 2225m，最高峰可达 4278m。之所以选该地区，是因为其属于科罗拉多大地水准面计划的一部分，且该区域具有较充分的地面重力和航空重力数据，可以削弱重力数据不足对建模结果造成的影响。

（2）建模数据

美国 NGS(National Geodetic Survey)提供了该地区大量的地面和航空重力数据，用于不同建模方法的比较，如图 8-1 所示。其中，地面重力数据(图 8-1 灰色)分布较不均匀，平均点距约 3.5km(Liu et al.，2020)；另外，由于某些点位距离过近或重复，对其进行了剔除处理，共得到地面重力数据 20636 个。Saleh 等(2013)对地面重力数据的质量进行了评估，结论是其精度约为±$2.2×10^{-5}$m/s^2。航空重力数据采用去除系统偏差的采样频率为 1Hz 的 GRAV-D(Gravity for the Redefinition of the American Vertical Datum)MS05 数据(图 8-1 白色)。主测线呈东西走向，平均线距 10km；副测线呈南北走向，平均线距约 80km。测线分布比较均匀，较好地覆盖了研究区域。为了减少计算压力，仿照 Saleh 等(2013)的做法，将原始航空数据进行下采样至 1/8Hz，共得到航空重力数据 16103 个，偏差的采样频率为 1Hz。

此外，收集了该地区 223 个高精度的 GSVS17 GPS/水准数据(图 8-1 黑色)。GSVS17 点间距约 1.6km，经平差处理后，其大地水准面高误差约为±1.5cm，可用于大地水准面模型的精度评估。

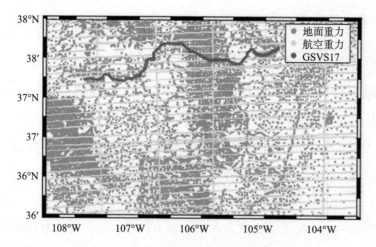

图 8-1　研究区域地面和航空重力数据分布

（3）重力数据预处理

重力场建模前数据基准应该统一。在平面基准上，由于地面重力、航空重力和 GSVS17 均基于 IGS08（International GNSS Service）参考框架，故不做处理。但是，在高程方面，由于航空重力数据提供的是椭球高，而地面重力数据为 NAVD88（North American Vertical Datum 1988）正高。因此，为了统一，本书将地面重力数据的正高也转化为椭球高：

$$h_{\text{ter}} = H_{\text{ter}} + N_{\text{Geoid18}} \tag{8-1}$$

式中，H_{ter}、h_{ter} 分别表示地面重力数据的正高和椭球高，N_{Geoid18} 为 NGS 提供的混合大地水准面模型，可用于椭球高和正高之间的转化。

接着，对于这两种类型的观测值，均执行以下预处理步骤，进而得到大气改正后的重力扰动数据：①将绝对重力观测值 g 减去观测高度处的正常重力值 γ 得到重力扰动 δg_0；②对上述重力扰动进行大气改正。

$$\delta g = \delta g_0 + 0.874 - 9.9 \times 10^5 h + 3.56 \times 10^{-9} h^2 \tag{8-2}$$

式中，δg 为大气改正后的重力扰动，δg_0 表示原始重力扰动，h 为观测值椭球高。

8.1.2　数据准备与预处理

（1）移去—恢复技术

移去—恢复（Remove-Compute-Restore，RCR）技术（Forsberg et al.，1981）是局部大地水准面精化经常采用的处理手段，它将重力场信号分为长波、中波和短波信号。在移去阶段，先移除长波和短波信号分量，得到剩余重力数据，如式（8-3）所示：

$$\delta g_{res}=\delta g-\delta g_{egm}-\delta g_{RTM} \tag{8-3}$$

式中，δg_{res}、δg 分别为剩余和原始重力扰动数据，δg_{egm} 为长波重力场的贡献，通常用参考重力场模型进行表示，δg_{RTM} 为短波地形因素引起的重力效应，可采用残余地形模型 RTM（Residual Terrain Model）计算（Forsberg，1984）。

在转化阶段，利用剩余重力数据计算出对应的剩余高程异常或大地水准面。本书采用径向基函数的方法进行转化，将在第 8.2 节进行介绍。

在恢复阶段，将转化得到的剩余高程异常加上长波参考重力场模型和短波地形因素高程异常的贡献，从而得到全波段的高程异常信息：

$$\zeta=\zeta_{res}+\zeta_{egm}+\zeta_{RTM} \tag{8-4}$$

式中，ζ 为全波段的高程异常，ζ_{res} 为剩余高程异常，ζ_{egm} 和 ζ_{RTM} 分别为长波重力场模型、短波地形因素高程异常的贡献。

最终，根据高程异常与大地水准面的转换关系式，可得建模区域内任意一点的大地水准面：

$$N_g=\zeta+\frac{\Delta g_B}{\gamma}H \tag{8-5}$$

式中，N_g 为大地水准面，ζ 为高程异常，Δg_B 是布格重力异常，γ 为正常重力，H 取正高。

（2）径向基函数重力场建模理论

对于球面外的任意剩余重力信号，可以用径向基函数表示成如下形式：

$$T_{res} = \sum_{i=1}^{N} \alpha_i \psi_i(x, x_i) \tag{8-6}$$

式中，T_{res} 为剩余扰动位，α_i 是未知的函数系数，N 为径向基函数个数。x、x_i 分别表示观测值、径向基函数极点所在位置向量，其中 x 位于半径为 R（Bjerhammar 球半径）的球面 σ_R 上或外部，x_i 位于球面 σ_R 上。$\psi_i(x, x_i)$ 为径向基函数，具体表达形式为（Schmidt et al., 2007; Klees et al., 2008）：

$$\psi_i(x, x_i) = \sum_{n=n_{min}}^{n_{max}} k_n \frac{2n+1}{4\pi} \left(\frac{R}{r}\right)^{n+1} P_n(\cos\theta_i) \tag{8-7}$$

式中，P_n 为勒让德多项式，θ_i 为 x、x_i 之间的球面夹角，r 为与位置向量 x 对应的观测值向径，n_{min} 和 n_{max} 为径向基函数展开的最小和最大阶次，k_n 为基函数核，决定了基函数在频率域和空间域的表现情况，常见的径向基函数核有 Shannon 核、Blackman 核和三次多项式核等（Bentel et al., 2013）。核函数的确定与输入重力数据的频谱信息有关，为了尽可能保留重力场信号，文中基函数核统一采用 Shannon 核函数，即 $k_n = 1$。

在球近似情况下，扰动位 T 与扰动重力 δg 存在如下泛函关系：

$$\delta g = -\frac{\partial T}{\partial r} \tag{8-8}$$

将式(8-6)、式(8-7)分别代入式(8-8)，则剩余扰动重力 δg_{res} 可表示为

$$\delta g_{res}(x) = \sum_{i=1}^{N} \alpha_i \varphi(x, x_i) \tag{8-9}$$

式(8-9)中，$\varphi(x, x_i)$ 为 δg_{res} 对应的径向基函数：

$$\varphi(x, x_i) = \sum_{n=n_{min}}^{n_{max}} k_n \frac{n+1}{r} \frac{2n+1}{4\pi} \left(\frac{R}{r}\right)^{n+1} P_n(\cos\theta_i) \tag{8-10}$$

若局部区域内有多种重力数据，如地面扰动重力和航空扰动重力等，则可以组成方程组，共同用于局部重力场建模：

$$\begin{bmatrix} \boldsymbol{y}_1 \\ \boldsymbol{y}_2 \end{bmatrix} = \begin{bmatrix} \boldsymbol{A}_1 \\ \boldsymbol{A}_2 \end{bmatrix} \boldsymbol{\alpha} + \begin{bmatrix} \mathbf{e}_1 \\ \mathbf{e}_2 \end{bmatrix} \tag{8-11}$$

式中，$\boldsymbol{y}_1$、$\boldsymbol{y}_2$ 分别为剩余地面和航空重力扰动观测值，$\boldsymbol{A}_1$、$\boldsymbol{A}_2$ 分别为对应的观测值设计矩阵，$\boldsymbol{\alpha}$ 表示待求的径向基函数系数，$\mathbf{e}_1$、$\mathbf{e}_2$ 为随机观测误差，并服从 $E\{\mathbf{e}\}=0$，$D\{\mathbf{e}\}=\boldsymbol{C}$。$\boldsymbol{C}=\mathrm{diag}(\boldsymbol{C}_1,\ \cdots,\ \boldsymbol{C}_J)$ 为观测误差方差—协方差矩阵。需要说明的是，由于两种数据的精度不同且未知，在求解系数时需顾及其对结果的影响。本书采用方差分量估计法对两种数据的相对权重（方差因子）进行估计。式（8-11）的法方程形式可表示为

$$(\boldsymbol{A}_1^T \boldsymbol{P}_1 \boldsymbol{A}_1 + \omega \boldsymbol{A}_2^T \boldsymbol{P}_2 \boldsymbol{A}_2 + \beta \boldsymbol{I}) \boldsymbol{\alpha} = \boldsymbol{A}_1^T \boldsymbol{P}_1 \boldsymbol{y}_1 + \omega \boldsymbol{A}_2^T \boldsymbol{P}_2 \boldsymbol{y}_2 \tag{8-12}$$

式中，$\boldsymbol{P}_1$、$\boldsymbol{P}_2$ 为地面和航空重力观测值权阵，$\boldsymbol{I}$ 为单位矩阵，ω 表示观测值 $\boldsymbol{y}_2$ 相对于观测值 $\boldsymbol{y}_1$ 的相对权重，β 表示正则化参数，并有：

$$\omega = \frac{\sigma_1^2}{\sigma_2^2}, \ \beta = \frac{\sigma_1^2}{\sigma_\mu^2} \tag{8-13}$$

式中，σ_1^2、σ_2^2 为观测值 $\boldsymbol{y}_1$、$\boldsymbol{y}_2$ 对应的方差因子，σ_μ^2 为待求系数的方差因子。方差因子通常采用迭代法进行求解，收敛条件为

$$\max \frac{\widehat{\sigma}_{j,i}^2 - \sigma_{j,i=1}^2}{\widehat{\sigma}_{j,i}^2} \leqslant \tau (j=1,\ 2) \tag{8-14}$$

式中，τ 为收敛阈值，$\widehat{\sigma}_{j,i}^2$ 为经过 i 次迭代后的第 j 组观测值的方差因子。

径向基函数在重力场及大地水准面建模方面得到了广泛应用。

8.1.3　模型建立与参考重力场模型确定

（1）模型建立

径向基函数建模受建模区域、展开阶次、基函数位置等多种因素的影响，在此作出简要说明。首先，考虑到径向基函数建模普遍出现的"边缘效应"，将原始研究区域四周各扩展 0.1°，得到建模区域，即 35.4°N ~ 38.1°N，103.4°W ~ 108.6°W。其次，径向基函数最大展开阶次与数据的空

间分辨率有关(Bucha et al.，2016)，该地区数据分辨率基本可以满足2′×2′的建模需求。因此，本书将基函数建模阶次展开至5400阶。最后，径向基函数位置取决于所采用的格网类型和数量，本书采用Reuter格网，格网分辨率水平取5400，共计格网点数10251个。

(2)参考重力场模型的确定

为了确定研究区域的最佳参考场及截断阶次，选取了6个参考重力场模型，分别为XGM2016、ITU-GGC16、XGEOID17、GOCO05S、GO_CONS_GCF_2_DIR_R6(简称为DIR_R6)和EGM2008，进行建模后的精度比较。表8-1列出了参考重力场模型的统计信息。表8-1中，XGM2016(719阶)、EGM2008(2190阶)和XGEOID17(2190阶)为融合重力场模型，其他3个为纯卫星重力场模型。之所以选择这几个模型，是因为XGM2016、GOCO05S、XGEOID17是科罗拉多大地水准面计划推荐的参考场模型；而DIR_R6、ITU-GGC16曾被用于该地区大地水准面模型的构建；另外，EGM2008模型是国际公认的高分辨率重力场模型，故也将其作为备选参考场之一。

表8-1　参考重力场模型相关信息

模型	阶次	数据构成	移去(截断)阶次	建模次数
XGM2016	719	A，G，S	200：20：300、360：60：660、719	13
GOCO05S	280	S	200：20：280	5
DIR_R6	300	S	200：20：300	6
ITU-GGC16	280	S	200：20：280	5
XGEOID17	2190	G，S	200：20：300、360：60：660、719、800：200：2000、2159	21
EGM2008	2190	A，G，S	200：20：300、360：60：660、719、800：200：2000、2159	21

注：A表示卫星测高数据，S表示卫星重力数据，G表示地面或航空重力数据。

由于6个重力场模型的阶次范围不尽相同，为了覆盖所有参考场模型的阶次范围，同时兼顾计算效率，采用不同的截断阶次，分别对重力数据进行移去处理，见表 8-1。另外，仅移去参考模型贡献的剩余值仍不够，尤其在高山区，地形效应的扣除必不可少。本书采用 dV_ELL_Earth2014 和 ERTM2016 的组合模型，进行剩余地形影响 RTM 的扣除。需要说明的是，依据参考场移去阶次的不同，RTM 扣除也同步发生变化，即从参考模型的移去阶次开始扣除 RTM 影响。这在一定程度上会混淆重力场移去阶次的贡献。但是，不同的参考重力场模型，RTM 影响是一致的，可以进行比较。

得到剩余重力数据后，便可进行径向基函数系数的求解。本书中两类重力观测值数据总量为 36739，远多于径向基函数个数 10251 个，因此能满足求解需求。整体上，在 15~20 次迭代之后，所有建模过程的方差因子趋于稳定，且绝大多数建模后的方差因子维持在 $\sigma_1^2 = 4.35 \times 10^{-10}$、$\sigma_2^2 = 3.14 \times 10^{-10}$ 附近，从而得到航空重力数据与地面重力数据的权重比 $\omega \approx 1.21$。基于此，建立了不同移去阶次下的多个径向基函数模型。

最后，将上述建模后得到的剩余大地水准面恢复为全波段的大地水准面，直接与 GSVS17 进行做差比较。图 8-2 显示了不同移去阶次下重力场融合建模后大地水准面与 GSVS17 的差异情况。表 8-2 给出了部分移去阶次下的统计情况。需要说明的是由于 NAVD88 与全球垂直基准之间存在 85cm 的系统偏差，故本书所有的 RMS 差异比较均扣除了该系统偏差值的影响。从图 8-2 中可以看到，大地水准面模型的精度与参考重力场模型的截断阶次密切相关。随着移去阶次的增大，大地水准面差异 RMS 呈现出先急剧降低后缓慢升高的变化趋势(图 8-2 中虚线)。尤其在 200~280 阶，差异变化比较明显，从约 ±0.045m 降低至 ±0.022m 左右。在 280~420 阶，大地水准面误差逐渐降低，其中在 420 阶达到最小值。超过 420 阶以后，而 RMS 随着阶次的升高有略微增大趋势，而误差标准差 STD 值则趋平缓。

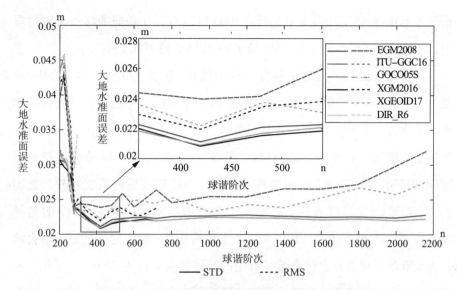

图 8-2　参考重力场模型移去阶次对建模精度的影响

表 8-2　不同移去阶次下的大地水准面与 GSVS17 大地水准面差异 RMS 统计

单位：cm

参考重力场模型	移去阶次					
	200	280	420	719	1400	2159
ITU-GGC16	4.4	2.5				
GOCO05S	4.4	2.7				
DIR_R6	4.2	3.0				
XGM2016	4.1	2.4	2.2	2.4		
EGM2008	4.0	2.4	2.4	2.7	2.7	3.2
XGEOID17	4.4	2.4	2.2	2.5	2.4	2.8

　　另外，不同参考场模型移去阶次在 280 阶以内，无论是 STD 还是 RMS，其建模差异均不明显；而在 280 阶以后，RMS 差异逐渐显现。其中，移去 420 阶的 XGM2016 模型对应的差异最小（图 8-2 放大区域），其 RMS 值为 2.2cm，略优于 XGEOID17 模型。在 420～719 阶，XGM2016、XGEOID17 和 EGM2008 呈现不同程度的误差波动，但 XGM2016 仍然较优。在 720 阶以后，受参考场最大阶次的限制，只有 XGEOID17 和 EGM2008 参与了建模比较。从图 8-2 可以看到，随着移去阶次的升高，两者大地水准

面误差 RMS 整体呈缓慢上升趋势。1000 阶以后，在相同的移去阶次情况下，XGEOID17 模型的差异 RMS 低于 EGM2008 模型 0.2~0.5cm。

需要指出的是，上述最佳参考场的选择（移去 420 阶的 XGM2016 模型），是基于本书特定研究区域和数据确定出来的。但是，若研究区域和重力数据发生变化，参考场及其最佳移去阶次的选择仍有待验证。因此，针对上述情况，将地面和航空重力数据分别筛选至不同的分辨率，用 XGM2016 作为参考场，相同的移去阶次，进行建模后的精度比较，见图 8-3。从图 8-3 可以看到，随着数据分辨率的降低，与 GSVS17 的差异 RMS 值整体上越来越大，其中 1.0′和 1.5′的分辨率数据对应的最佳移去阶次为 600 阶，而 2.0′分辨率数据对应的最佳移去阶次为 220 阶。可见，随着数据分辨率的变化，参考场的最佳移去阶次也会发生改变。同样，随着研究区域的变化，其结果也会改变，因为研究数据发生了变化。

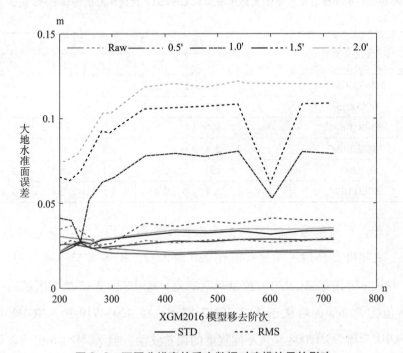

图 8-3　不同分辨率的重力数据对建模结果的影响

综上所述，在本书研究区域内，移去 420 阶的 XGM2016 得到的大地水准面与 GSVS17 对应值差异最小，因此选择其作为该区域精化大地水准面模型的参考场。

8.1.4　大地水准面模型精度比较与分析

（1）与 GSVS17 大地水准面高比较

为了进一步评估基于最佳参考场所构建的大地水准面模型（下称 XGM420）的准确性，额外选取了 ISG（International Service for the Geoid）5 个机构提供的大地水准面（该 5 个模型均采用 XGM2016 作为参考模型），分别插值到 223 个 GSVS17 对应点，并与 GSVS17 大地水准面高进行直接作差比较。图 8-4 显示了各模型大地水准面与 GSVS17 大地水准面高之间的差异情况，表 8-3 给出了差异统计结果。

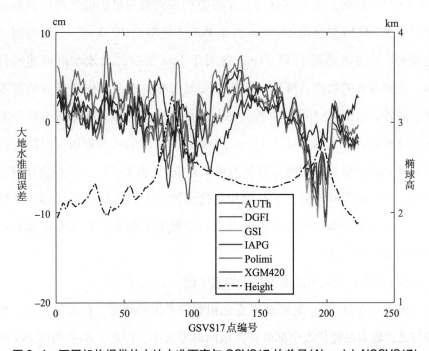

图 8-4　不同机构提供的大地水准面高与 GSVS17 的差异（Nmodel−NGSVS17）

表 8-3　不同机构提供的大地水准面高与 GSVS17 的差异统计　　单位：cm

模型	Max	Min	Mean	STD	RMS	Range
AUTh	5.0	−7.9	−0.6	2.6	2.6	12.9
DGFI	4.5	−8.5	0.3	3.1	3.1	13.0
GSI	4.8	−10.5	0.3	3.0	3.0	15.3
IAPG	5.8	−10.6	−0.1	3.1	3.1	16.4
Polimi	8.4	−11.6	−1.7	3.8	4.0	20.0
XGM420	5.0	−5.7	0.7	2.1	2.2	10.7

结合图 8-4 和表 8-3 可以看出，各模型差异的整体变化趋势基本一致，单个机构大地水准面模型（XGM420 除外）的 RMS 值在 2.6~3.8cm 变化。其中，XGM420 模型（图 8-4）与 GSVS17 差异最小，RMS 值为 2.2cm（表 8-3）；而 Polimi 模型（图 8-4）与 GSVS17 差异最大，为 4.0cm（表 8-3）。同时，表 8-3 还显示了各模型最大值与最小值之间的差异范围，从 XGM420 模型的 10.7cm 直至 Polimi 模型的 20.0cm，差异范围变化较大，且均值达到了 14.7cm，这对于 1cm 精度的大地水准面建模目标，是相当大的数值。可见，高精度大地水准面模型的构建任务依然艰巨。另外，由图 8-4 可以看到，在水准点编号 100 和 200 附近，模型差异比较明显，最大偏差可达 11cm。导致这一情况的主要原因，可能与该区段复杂的地形及地面重力数据的稀缺有关（见图 8-1）。值得说明的是，在编号 100 和 200 附近，正是地势变化比较显著的区域，而 XGM420 模型较其他几个模型改善尤其明显，在一定程度上表明了本书参考场确定方法的有效性。

（2）与区域大地水准面模型平均值比较

由于 GSVS17 处于地形高程变化相对较平缓的地带，且数量不大，单纯与之比较未必能代表全部研究区域的误差大小。因此，本书利用 ISG 所有机构提交的该区域模型的平均值作为校准模型，对 XGM420 模型精度作进一步评估。具体做法为：利用 XGM420 模型，计算目标区域（36°N~

37.5°N，108°W～104°W）、2′×2′的大地水准面网格数据，并与 ISG 区域模型平均值进行作差比较。图 8-5、图 8-6 分别展示了 XGM420 模型的大地水准面及其与区域模型平均值的差异分布情况，统计数据见表 8-4，同样将表 8-3 中部分 ISG 模型加入比较。

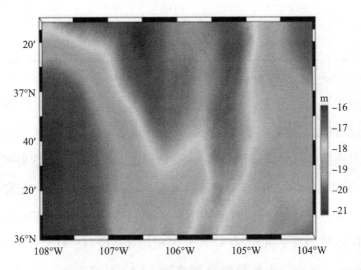

图 8-5 XGM420 模型大地水准面的分布情况

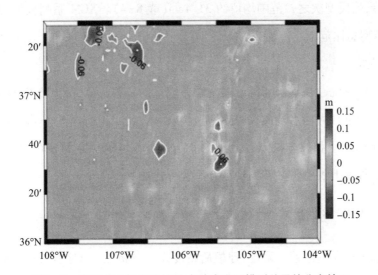

图 8-6 XGM420 与 ISG 平均大地水准面模型差异的分布情况

表 8-4　XGM420 与 ISG 平均大地水准面模型的差异统计　　单位：cm

模型	Max	Min	Mean	STD	RMS	Range
DGFI	8.3	−14.0	−0.9	2.3	2.4	22.3
GSI	23.0	−18.9	0.2	2.8	2.8	41.9
IAPG	7.1	−14.0	−1.3	2.1	2.5	21.1
XGM280	14.8	−17.3	−1.8	2.7	3.2	32.1
XGM719	15.5	−15.6	−0.8	2.3	2.5	31.1
XGM420	15.8	−15.2	−0.6	2.3	2.4	31.0

注：AUTh 和 Polimi 模型在该区域模型值不全，未进行比较。

从图 8-6 可以看到，相对于平均大地水准面，XGM420 模型差异超过±6cm 的区域主要集中于东西两侧的山脉地带，这些区域的高程普遍较高，而且地面重力数据分布稀疏，在一定程度上反映出重力数据密度和质量对于高精度大地水准面模型构建的重要性。而大部分区域，差异值相对较小，基本不超过±5cm。就差异 RMS 值而言，XGM420 与 DGFI 模型精度相当，RMS 值均为 2.4cm（表 8-4）；但相对其他模型，XGM420 的精度改善 1～8mm。另外，从差异的范围来看，GSI 模型最大，达到 41.9cm；XGM 系列模型次之，范围均值约 31.4cm（表 8-4）。XGM 系列模型和其他 3 个模型总体范围均值为 29.2cm，同样反映出 1cm 大地水准面建模精度的巨大挑战。

总体来说，在本研究区域内，误差较优的是移去 XGM2016 模型至 420 阶得到的融合大地水准面模型 XGM420（图 8-5），其与 ISG 平均大地水准面差异标准差和均方根误差分别为 2.3cm 和 2.4cm。差异分布相对均匀，在一定程度上表明了参考场确定方法的可行性。

8.1.5　结论

基于径向基函数，采用"建模后精度比较分析法"，对不同参考重力场模型、不同截断阶次下的科罗拉多大地水准面建模效果进行了比较分析，并进行了精度评估。主要结论如下：

①同一参考重力场模型选择不同的截断阶次，对大地水准面建模结果的影响，就本书研究区域而言，可达 0.5~2cm；

②不同参考模型在相同的截断阶次下，对大地水准面建模的差异 RMS，280 阶以前不太明显，280 阶以后为 0.2~0.5cm；

③最佳参考模型的移去阶次与建模数据空间分布及数量有关，因此不同区域截断阶次的选择具有一定的独立性。

基于 420 阶的 XGM2016 作为参考场，构建了研究区域的最佳大地水准面模型 XGM420，通过与 GSVS17 和 ISG 大地水准面模型均值比较，差异 RMS 值分别达到 2.2cm 和 2.4cm，优于其他移去阶次得到的大地水准面模型，反映出参考重力场模型移去阶次选择的重要性，可为局部地区高精度大地水准面模型的构建提供一定参考。

8.2　陆海交界区域大地水准面精化

沿海大地水准面，作为全球大地水准面模型的一部分，对于确定近岸动态海面地形、海平面变化以及高程基准的统一有重要作用（Featherstone and Filmer，2012；Filmer et al.，2018）。而且，通常许多沿海地区都是沿海保护项目和开发的密集地区，因此厘米级精度的大地水准面模型至关重要（Forsberg et al.，2017）。然而，由于地形复杂、数据质量差等原因，高精度的海岸带大地水准面模型的构建是一项具有挑战性的工作（Hirt et al.，2013；Ophaug et al.，2015）。

目前，海岸带地区大地水准面精度难以提高的原因主要有以下几点：首先，陆地重力和海洋重力在测量方式上不一致，造成两者在空间分布和精度上有诸多差异，从而难以实现较为理想的融合效果（Wu et al.，2017a；Zhang et al.，2017）。陆地重力主要采用绝对或相对重力仪在离散的点位上采集获得，分布一般较不均匀，但精度较高；而海洋重力主要通过反演海面高得到，数据分布均匀，但是在近海岸带区域，由于海洋潮汐、风浪及复杂地形的影响，卫星测高在沿海浅水区域的测距误差较大（Andersen and Knudsen，2000；Deng and Featherstone，2006）。这给陆海多源重力数据融合造成了一定困难。其次，沿海地区是计算重力大地水准面的边界区，若缺乏高质量的边界海域重力测量数据，陆地沿海地区重力大地水准面的精度将显著降低（Chen et al.，2003）。反之，由于沿海测高重力数据的质量较差，若将其纳入重力场模型的构建，可能会对最终的大地水准面精度造成严重影响。最后，沿海边界区匮乏的数据覆盖加剧了陆海统一大地水准面的构建难度，尤其是陆地区域是高山、深谷等复杂地区，这些地区利用传统地面重力测量方式的难度很大，这也是沿海大地水准面确定的另一大障碍（Wu et al.，2019）。

近年来，随着航空重力技术的发展，高精度的统一陆海大地水准面模型的构建成为可能。航空重力测量可以提供陆地和海洋连续的测量数据，并且分布均匀、精度相对较高，这对于沿海地区统一重力场建模的构建很有价值（Kearsley et al.，1998；Fernandes et al.，2000；Forsberg et al.，2012b）。但是，航空重力数据容易受飞行动力学、天气情况、传感器特性等飞行条件的影响（Varga et al.，2021），而且通常需要滤波过程，从而导致最终获得的航空重力数据往往是带限的（Schwarz and Li，1996；Childers et al.，1999；Novák and Heck，2002）。另外，通过交叉点分析，航空数据在某些飞行航线中还可能存在系统性偏差（Hwang et al.，2007；Li，2017）。因此，使用航空重力数据进行大地水准面建模时，有必要考虑频谱限制、系统偏差及航空噪声的影响。

另外，随着卫星重力计划 GRACE（Gravity Recovery and Climate Experiment；Tapley et al.，2004）、GOCE（Gravity Field and Steady-State Ocean Circulation Explorer；Rummel et al.，2011）及 GRACE-FO（GRACE follow-on）的相继实施，可以以较高的时间分辨率测量地球及陆海交接区域。并且，纯卫星重力场模型的长波精度较高，在球谐阶次为 200 阶时其大地水准面

精度可达到 1~2cm(Huang et al., 2017),这为陆海大地水准面的统一构建提供了基础条件。但是,受卫星高度等的限制,卫星重力数据的空间分辨率一般较低(Pail et al., 2011)。目前,ICGEM(International Centre for Global Earth Models)发布的最新纯卫星重力场模型的阶次仅在300阶左右,这对于高精度的陆海统一大地水准面的构建需求显然是不够的。因此,如何充分利用海岸带地区的各类重力数据,构建出统一的高精度的大地水准面模型,仍是大地测量学领域的难点之一。

目前海岸带区域大地水准面模型构建的方法主要有统计法和解析法两种。统计法的典型代表为最小二乘配置法(Olesen et al., 2002;Hwang et al., 2006;Forsberg, 2012;Tscherning, 2013)。但是,LSC 的难点在于难以构建适当且准确的局部协方差模型,而且在处理大量点值数据时,其计算效率不高(Wittwer, 2009)。而解析法由于对边界面要求严格,通常需要进行插值处理,难以融合多源重力数据(Wu et al., 2017a)。

另一种可用于海岸带统一大地水准面模型构建的方法是径向基函数。近20年来,因其良好的局部化特性,径向基函数在融合多源重力数据构建局部重力场方面得到了广泛的应用(Schmidt et al., 2006,2007;Klees et al., 2008;Naeimi, 2015;Bucha et al., 2016;Wu et al., 2017b;Liu et al., 2020;等等)。径向基函数分带限型和非带限型基函数两种。Bentel 等(2013a)曾指出,带限型信号更加适合用带限径向基函数进行表示,因为非带限径向基函数在对带限型信号建模时得到了更差的结果。Li(2017)也提到,由于航空重力数据在空间域和频率域的限制,其更适合带限径向基函数表达。另外,针对多源重力数据的分辨率的不一致性,Freeden 等(1998)提出了基于径向基函数的重力场多尺度分析理论。随后,该理论得到了长足的发展。但是,上述的径向基函数多尺度建模算法,其尺度的划分有固定的规则(e.g. $n = 2^j - 1$,j 为尺度,n 为径向基函数展开阶次),但尺度的划分不够灵活,当数据的频谱信息与建模尺度不一致时,需将其纳入最接近的建模尺度中,这会造成一定的建模误差。另外,Klees 等

（2018）提出了不同于上述方法的多尺度建模方法，依据数据分辨率在两个不同尺度上对高、低分辨率模拟数据进行试验，得到了优于单一尺度建模的融合结果。Slobbe 等（2019）在 Klees 等（2018）的基础上利用实测数据对其进行了验证，得到了满意的效果。

本书在前人研究的基础上，提出了改进的基于径向基函数的多尺度建模方法，并将这一方法应用于海岸带地区陆海统一大地水准面模型的构建。其与传统的基于径向基函数多尺度建模的不同点在于：首先，本书的多尺度建模，不是依据固定尺度进行的划分，而是根据数据的频谱信息进行的划分，这一点与 Klees 等（2018）的方法类似。其次，在多尺度分析的程序上，本书先对航空重力数据、卫星测高重力数据进行中低尺度建模，然后联合剩余地面和航空重力数据进行高尺度建模，这与 Klees 等（2018）先高尺度建模再低尺度建模的方法形成区别。最后，在利用航空重力进行中低尺度建模方法上，本书提出了利用卫星重力数据对航空重力数据进行约束建模（延拓）的思想。需要说明的是，Li（2017）曾对利用径向基函数向下延拓航空数据进行了研究，证明了该方法的可行性。但从实际建模情况来看，仅依赖于单一航空重力数据的径向基函数向下延拓，在部分地区可能出现误差较大的现象，而通过高精度的卫星重力场模型数据进行约束，可以得到较好的建模效果。同时，我们也知道，Klees 等（2018）曾指出，当两种数据的分辨率相差悬殊时，建模结果可能会向高分辨率数据靠拢，进而使得建模结果不准确。但从本书实际建模结果来看，似乎并不完全是这样。在卫星重力场模型选择恰当的情况下，似乎可以对航空重力数据起到较好的约束作用。值得注意的是，Liu 和 Lou（2022）也曾利用径向基函数对海岸带地区大地水准面进行了多尺度建模，其先通过对地面数据进行建模，然后进行剩余航空重力的建模，据笔者所知，航空重力数据的分辨率一般要低于地面重力数据，其频谱阶次在 1600 阶左右（Jiang，2016）。因此，本书更倾向于先对航空重力中低尺度建模再对剩余重力数据进行高尺度建模的方法。

8.2.1　研究领域和区域

选取加利福尼亚州和俄勒冈州以及离岸 270~440km 的海洋地区为研究对象，具体经纬度范围为 127°W~120°W 和 38°N~43°N，如图 8-7(a)所示。因此，研究地区既包含陆地区域，也包含海洋区域，这些区域的重力场信息不尽相同，因此允许多源数据的融合建模。陆地地区是一个山区，平均海拔约为 1060m，最大高程达到 4300m，最低高程为 −32m。地形高度越大，大地水准面的精度就越差(Foroughi et al., 2019)。因此，该地区崎岖的地形、较大的高程和不同的重力场信息，都显示这是一个具有挑战性的研究领域。

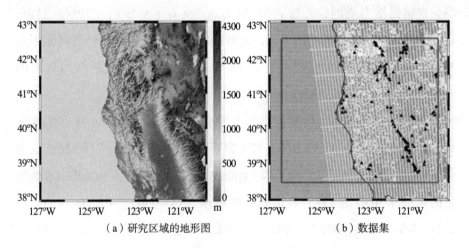

（a）研究区域的地形图　　　　　　（b）数据集

图 8-7　加利福尼亚州和俄勒冈州海洋地区研究

注：地面重力数据(离散灰色点)、航空重力测量(白色)、DTU17 重力数据(连续灰色部分)、GPS/水准(黑色三角形)、目标大地水准面区域(黑色实线)

美国国家大地测量局(NGS)和丹麦技术大学国家空间研究所(DTU)收集了三个数据集。图 8-7(b)显示了投影在地球表面上的这些数据的空间分布。陆地重力数据覆盖了整个陆地面积，但分布不均匀。比较图 8-7(a)、图 8-7(b)，可以明显地看出，地面重力数据在海拔较高的地区分布较密，而在西部崎岖地区的分布较稀疏。此外，整个地面重力数据的平均点距离约为 6km。

航空重力数据采用美国垂直基准重定义项目的 GRAV-D 重力数据（GRAV-D Team，2017），飞机平均飞行高度为 6815 米，覆盖加利福尼亚州和俄勒冈州的沿海地区以及近海 50～180km 的海洋地区。从图 8-7（b）可以看到，沿轨平均线距约为 10km，交叉轨道分辨率约为 80km，分布较均匀，几乎覆盖了所有的陆地区域。此外，NGS 对原始航空重力进行了 3 次 120s 的高斯低通滤波，用以过滤航空重力数据中的高频噪声（GRAV-D Science Team 2014）。

卫星测高重力数据采用分辨率为 $2'\times2'$ 的 DTU17 重力异常数据［图 8-7（b）］。DTU17 数据推出的主要目的之一是用于改善沿海和北极地区的重力场，以增强重力场的较短波长信息（Andersen & Knudsen，2019）。然而，由于沿海地区较复杂的地形环境，近海地区重力异常的精度仍然可能不太好，但其高分辨率和均匀分布在一定程度上可以弥补航空重力数据的不足。

GPS/水准数据用于检验计算的大地水准面模型。GPS/水准在陆地区域上的范围为 38.5°N～42.5°N、124.5°W～120.5°W［图 8-7（b）黑色三角形］。文中共收集到了 161 个 GPS/水准数据，精度为 3～5cm。其中水准测量的高程采用的是 1988 年北美垂直基准（NAVD88）（Grigoriadis et al.，2021；Işık et al.，2021）。然而，GPS/水准测量不可能在海上进行。因此，本书使用沿海岸线的 GPS/水准点（31 点）来检验陆海大地水准面的拼接质量好坏［图 8-7（b）黑色三角形］。

（1）数据预处理

地面重力数据集包括来自美国国家地理空间情报局（NGA）和美国国家大地测量局（NGS）数据库的 30280 个重力观测数据。笔者对该数据集进行了重复点检查和提出处理。另外，对于重复的观测彼此之间的差异不超过 2mGal，我们使用它们的均值作为最后的观测值。然而，如果这些观测值共享相同的位置，但高度差超过 3m 或重力差超过 2mGal，那么我们将其全

部移除。最后，共有 3868 个点被排除在地面重力数据集之外。此外，由于
NGS 提供的正高系统，为了数据间高程的统一，本书大地水准面模型
GEOID 18B 将它们统一转换为椭球高 h。

航空数据分布非常密集，总观测点数为 206444 个，从而导致设计矩阵
非常庞大。为了提高效率并节省计算时间，笔者将采样间隔从 1Hz 采样至
1/8Hz，从而获得了沿轨道平均空间分辨率约 1km 的 25810 个重力观测数
据。我们认为像航空数据这样的"下采样"程序是合理的，理由是航空重力
观测值之间具有高度相关性。然后，对于地面和航空重力观测，执行以下
数据预处理步骤：

①通过减去观测值椭球高 h 处的正常重力，将绝对重力观测值转化为
重力扰动：

$$\delta g = g - \gamma \tag{8-15}$$

②将大气校正添加到观测中，大气校正是在 Torge（1989）之后计算的：

$$\delta g = \delta g_0 + \delta g_{ATM} \tag{8-16}$$

$$\delta g_{ATM} = 0.874 - 9.9 \times 10^{-5} \times 3.56 \times 10^{-9} h^2 \tag{8-17}$$

（2）移去—恢复方法

移去—恢复方法（Forsberg & Tscherning，2013）是精化局部大地水准面
模型的常用方法，可以解决区域重力数据无法恢复长波重力场信息的问
题。此外，在山区，RCR 过程起着非常关键的作用，因为它可以使输入数
据平滑，从而获得良好的最小二乘拟合结果（Bucha et al.，2016）。

经典的 RCR 过程首先移去重力观测值的长波长和短波长成分，然后将
剩余部分转换为剩余高度异常，最后根据高度异常恢复去除的部分：

$$\begin{cases} \delta g_{res} = \delta g - \delta g_{GGM} - \delta g_{RTM} & \text{Remove} \\ \zeta_{ell} = \zeta_{GGM} + \zeta_{res} + \zeta_{RTM} & \text{Restore} \end{cases} \tag{8-18}$$

式中，δg 是原始重力扰动，δg_{GGM} 是长波长重力扰动分量，通常由地球
重力场模型表示，δg_{RTM} 是由地形效应引起的短波长重力扰动分量，本书使
用残余地形模型 RTM（Forsberg，1984）来表示，ζ_{ell} 是椭球上的高度异常，

ζ_{GGM}、ζ_{RTM}、ζ_{res} 分别是长波长、短波长和残余高度异常。

在某些情况下，例如平坦区域或输入数据相对平滑的区域，RCR 过程也可以忽略地形效应的影响：

$$\begin{cases} \delta g_{res} = \delta g - \delta g_{GGM} & \text{Remove} \\ \zeta_{ell} = \zeta_{GGM} + \zeta_{res} & \text{Restore} \end{cases} \qquad (8-19)$$

RCR 过程广泛用于局部重力场建模。然而，去除长波长和短波长分量均可能会带来新的误差。如果截断阶次选择不当，也可能影响最终大地水准面模型的精度（Jiang，2018；Varga et al.，2021）。

8.2.2　全球重力场多尺度建模

在球形近似中，任何点 P 的位置向量都可以表示为

$$x = r \cdot r = r \left[\cos\varphi\cos\lambda, \ \cos\varphi\cos\lambda, \ \sin\varphi \right]^{T} \qquad (8-20)$$

式中，x 是观测点 P 的位置矢量，λ 是球面经度，φ 是球面纬度，$r = R+h$ 球面高度 P 高于球面（Bjerhammar），r 是径向方向的单位矢量。然后，对于球体外的任何点，重力扰动位 $T(x)$ 都可以分解成三个部分（Moritz，1980）：

$$T(x) = \sum_{n=0}^{\infty} T_n(x) \approx T_{low}(x) + T_{med}(x) + T_{high}(x) \qquad (8-21)$$

式中，$T_{low}(x)$、$T_{med}(x)$ 以及 $T_{high}(x)$ 分别是低、中、高尺度扰动位信号。本书中，重力场模型将在低、中、高三个尺度上按顺序依次建立或表示扰动位信号。

首先，为了保证计算精度，低尺度重力场模型采用截断至一定阶次的纯卫星球谐函数模型进行表示：

$$T_{low}(x) = \frac{GM}{r} \sum_{n=0}^{n_{GGM}} \left(\frac{R_E}{r} \right)^n \sum_{m=0}^{n} \left(\Delta \overline{C}_{nm} \cos m\lambda + \Delta \overline{S}_{nm} \sin m\lambda \right) \overline{P}_{nm}(\cos\theta)$$

$$(8-22)$$

式中，$T_{low}(x)$ 为低尺度模型的扰动位，n、m 分别为球谐的阶和次，

GM 为地球引力常数和地球质量的乘积，R_E 为地球平均半径，$\Delta\bar{C}_{nm}$、$\Delta\bar{S}_{nm}$ 是完全规格化的球谐函数系数(完全归一化的球面谐波系数)，$\bar{P}_{nm}(\cos\theta)$ 是完全规格化的缔合勒让德多项式(完全归一化的 Lengendre 函数)，θ 为地心余纬。

其次，在移去低尺度重力场信号后，某些重力场信号则变成中尺度的带限信号(如航空重力扰动)，则利用其可建立"完整"的中尺度的重力场模型。这里的"完整"，指的是模型中也包含了中尺度地形因素的影响。本书中，中尺度重力场模型用带限径向基函数 $\Psi_{\mathrm{med}}(x, x_i)$ 表示如下:

$$T_{\mathrm{med}}(x) = \sum_{i=1}^{N_1} \alpha_i \, \Psi_{\mathrm{med}}(x, x_i) \qquad (8\text{-}23)$$

式中，T_{med} 为中尺度模型的扰动位，x_i 表示径向基函数中心的位置向量，N_1 为径向基函数个数，也是格网点的个数和待求的未知参数 α_i 的个数。

最后，高尺度重力场信号，同样采用径向基函数进行表示。但是，这里的高尺度信号是移去 RTM 影响后的剩余扰动位信号，其实质上只是高频重力场信号的残余分量:

$$\delta T_{\mathrm{high}}(x) = \sum_{j=1}^{N_2} \alpha_j \, \Psi_{\mathrm{high}}(x, x_j) \qquad (8\text{-}24)$$

式中，$\delta T_{\mathrm{high}}(x)$ 为高尺度的剩余扰动位信号，N_2 为径向基函数个数，α_j 为待求的径向基函数系数，$\Psi_{\mathrm{high}}(x, x_j)$ 为高尺度剩余扰动位对应的径向基函数。

式(8-23)和式(8-24)中，$\Psi_{\mathrm{med}}(x, x_i)$ 和 $\Psi_{\mathrm{high}}(x, x_j)$ 的具体形式为

$$\Psi_{\mathrm{med}}(x, x_i) = \sum_{n=n_{\mathrm{GGM}}+1}^{n_{\mathrm{med}}} k_n \frac{(2n+1)}{4\pi} \left(\frac{R}{r}\right)^{n+1} P_n(r^T r_i) \qquad (8\text{-}25)$$

$$\Psi_{\mathrm{high}}(x, x_j) = \sum_{n=n_{\mathrm{med}}+1}^{n_{\mathrm{high}}} k_n \frac{(2n+1)}{4\pi} \left(\frac{R}{r}\right)^{n+1} P_n(r^T r_j) \qquad (8\text{-}26)$$

式中，n 为径向基函数展开阶次，亦即球谐阶次，n_{GGM}、n_{med} 和 n_{high} 分别为卫星重力场模型的截断阶次、中尺度模型和高尺度模型最大展开阶次，P_n 为勒让德多项式，k_n 为径向基函数核，它决定了基函数在频率域和

空间域的表现情况（Bentel et al. ，2013）。那么，最终的扰动位模型，可表达为如下形式：

$$T(x) \approx T_{GGM}(x) + \sum_{i=1}^{N_1} \alpha_i \, \Psi_{med}(x, \, x_i) + \sum_{j=1}^{N_2} \alpha_j \, \Psi_{high}(x, \, x_j) + \delta T_{RTM}^{high}(x)$$

$$(8-27)$$

式中，$\delta T_{RTM}^{high}(x)$ 表示频谱阶次介于 $(n_{med}+1) \sim n_{high}$ 的高频残余地形模型信号。那么，式（8-27）中，除去低尺度的重力场模型信号和高尺度的 RTM 信号外，剩下的主要由两个不同尺度的径向基函数重力场模型构成。需要说明的是，尽管 Klees 等（2018）建立的也是两个尺度上的径向基函数模型，但是模型的构成及径向基函数系数求解的顺序都有所不同。Klees 等（2018）的两尺度模型是移去 RTM 影响后的剩余低尺度径向基函数模型和剩余中高尺度径向基函数模型的结合，而本书则是完整的中尺度径向基函数模型和剩余高尺度径向基函数模型的结合。另外，在解算径向基函数系数的次序上，Klees 等（2018）先进行中、高尺度径向基函数系数的求解，再进行低尺度径向基函数系数的求解，而本书却是按先中尺度后高尺度的次序依次解算。

另外，需要特别强调的是，n_{air} 的确定是本书研究的难点之一。一方面，由于航空重力数据具有很强的相关性，难以从采样间隔上获取其空间分辨率。另一方面，这还涉及航空重力数据最佳信噪比的问题。因为随着展开阶次的不断增加，航空重力数据的有用信号可能会越来越弱，甚至会出现信号小于噪声的情况。那么，过大的展开阶次未必会对大地水准面建模结果有积极作用。因此，确定最佳的航空重力数据径向基函数展开阶次是本研究的关键因素之一。本书采用反复尝试的方法，对不同的航空重力数据径向基函数展开阶次进行建模试验，将计算的大地水准面高与 GPS/水准大地水准面高（控制数据）比较，从而确定中尺度重力场模型径向基函数展开的最佳阶次。

8.2.3　重力大地水准面高的计算

利用已知的中、高尺度的扰动位重力场模型信息，根据布伦斯公式（Heiskanen and Moritz，1967），可以得到目标区域内对应尺度的高程异常信息：

$$\widehat{\zeta}_{\text{ell}}^{\text{med}}(x) = \frac{\widehat{T}_{\text{ell}}^{\text{med}}(x)}{\gamma_{\text{ell}}(x)} \tag{8-28}$$

$$\widehat{\delta\zeta}_{\text{ell}}^{\text{high}}(x) = \frac{\widehat{\delta T}_{\text{ell}}^{\text{high}}(x)}{\gamma_{\text{ell}}(x)} \tag{8-29}$$

式（8-28）和式（8-29）中，$\widehat{T}_{\text{ell}}^{\text{med}}(x)$ 和 $\widehat{\delta T}_{\text{ell}}^{\text{high}}(x)$ 分别为根据式（8-23）和式（8-24）计算出的椭球面上的中尺度扰动位和高尺度剩余，$\widehat{\zeta}_{\text{ell}}^{\text{med}}(x)$ 和 $\widehat{\delta\zeta}_{\text{ell}}^{\text{high}}(x)$ 分别为椭球面上的中尺度高程异常和高尺度剩余高程异常，$\gamma_{\text{ell}}(x)$ 为椭球面上的正常重力。接着，恢复低尺度、中尺度和高尺度 RTM 的高程异常影响，可得到椭球面上高阶次的高程异常信息：

$$\widehat{\zeta}_{\text{ell}}(x) = \zeta_{\text{ell}}^{\text{GGM}}(x) + \widehat{\zeta}_{\text{ell}}^{\text{med}}(x) + \widehat{\delta\zeta}_{\text{ell}}^{\text{high}}(x) + \delta\zeta_{\text{ell}}^{\text{RTM}}(x) \tag{8-30}$$

式中，$\zeta_{\text{ell}}^{\text{GGM}}(x)$ 为低尺度高程异常，$\delta\zeta_{\text{ell}}^{\text{RTM}}(x)$ 为高尺度残余地形模型计算出的高程异常信息。最后，利用大地水准面和椭球面高程异常的函数关系，可得到建模区域任意一点的大地水准面信息（Barthelmes，2013）：

$$N(x) = \zeta_{\text{ell}}(x) - \frac{2\pi G\rho\,[H(x)]^2}{\gamma_{ell}(x)} \tag{8-31}$$

式中，$N(x)$ 表示大地水准面高，G 表示牛顿引力常数，$G = 6.67259 \times 10^{-11}\,\mathrm{m}^3\,\mathrm{kg}^{-1}\mathrm{s}^{-2}$（Moritz，2000），$H$ 为观测值正高，文中采用数字地面模型 Earth2014 进行表示（Hirt and Rexer，2015）：

$$H(x) = \sum_{n=0}^{n_{\max}} \sum_{m=0}^{n} (C_{nm}^{\text{topo}}\cos m\lambda + S_{nm}^{\text{topo}}\cos m\lambda) \tag{8-32}$$

式中，C_{nm}^{topo} 和 S_{nm}^{topo} 表示完全归一化的高度系数，$n_{\max}$ 为球谐展开的最大阶次，其应该与恢复完成的 $\zeta_{\text{ell}}(x)$ 的最大阶次相同。

8.2.4 使用 SRBF 进行中尺度大地水准面建模

（1）初始条件设置

径向基函数建模受到许多因素的限制，例如 SRBF 的类型、SRBF 的位置、边缘效应等。以下描述了构建中尺度重力场模型的初始条件：

①SRBF 的类型。为了尽可能多地利用重力场信号，本研究统一使用 Shannon 径向基函数，k_n 即以下所示方程：

$$k_n = \begin{cases} 1 & for & n[n_{low}+1, \ n_{med}] \\ 0 & else \end{cases} \tag{8-33}$$

②SRBF 的位置。Eicker（2008）分析了多个网格的优缺点，结果表明 Reuter（1982）网格更适合局部重力场建模。此外，Reuter 网格的控制参数 β 与 SRBF 的最大展开阶次有关（Lieb et al.，2016），本书取 Reuter 网格的控制参数 $\beta = n_{max}$。

③边缘效果。在中尺度重力建模中，需要仔细定义目标区域 $\partial\Omega_T^M$、观测区域 $\partial\Omega_O^M$ 和计算区域 $\partial\Omega_C^M$ 的扩展。根据 Naeimi（2015）和 Lieb 等（2016）的研究，该地区应该满足 $\partial\Omega_T^M \subset \partial\Omega_O^M \subset \partial\Omega_C^M$。因此，本书中的中尺度建模的目标区域在航空观测数据区域的基础上内缩 0.5°，而计算区域扩展了 0.1°。图 8-8 显示了目标区域、航空重力数据观测区域、计算区域以及边缘区域的分布情况。

（2）中尺度重力大地水准面建模

在使用 SRBF 建模方法前，必须确定以下参数：RBF 的最大展开阶次、GGM 模型、GGM 重力数据的采样间隔、GGM 的截断阶次以及 GGM 数据与航空重力数据的权重比。

首先，选择了 6 个纯卫星 GGM 模型，包括 GOCO05S（GOC5S）（Mayer-Gürr，2015）、ITU-GGC16（GGC16）（Akyilmaz et al.，2016）、GO_CONS_GCF_2_TIM_R5（TIM5）（Bruinsma et al.，2013）、GO_CONS_GCF_2_DIR_R5

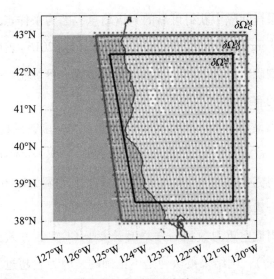

图 8-8　各区域分布情况

注：计算区域$\partial\Omega_C$、观测区域$\partial\Omega_O$、目标区域$\partial\Omega_T$及航空重力数据和格网点的位置

（DIR5）（Brockmann et al.，2014）、EIEGN-6S4（v2）（EIG6S）（Förste et al.，2016）和 GO_CONS_GCF_2_SPW_R5（SPW5）（Gatti et al.，2017），用于中尺度模型的约束计算。选取 $n_{max}=280$ 作为所有 GGM 模型的最大展开阶次。之所以这样选择，是因为 GOC5S、TIM5 和 GGC16 模型的最大展开阶次只有 280 阶。另外，所有计算参考的椭球均是 GRS80 椭球，而且重力数据均处在无潮汐（TF）系统中进行计算。然而，一些 GGM 是零潮汐（ZT）系统（例如 GOC5S）。为了保持一致，将 GGM 中的零潮汐 ZT 系统转换为无潮汐 TF 系统（Rapp et al.，1991）：

$$\overline{C}_{20}^{TF}=\overline{C}_{20}^{ZT}+3.11080\times10^{-8}\times\frac{0.3}{\sqrt{5}} \qquad (8-34)$$

此外，GGM 的截断阶次也会影响建模结果。由于 GGM 本身属于建模数据之一，其移去阶次不能选择得太高，否则，纯卫星 GGM 重力数据的剩余信号将非常小。在本书中，依经验将截断阶次设置为 150~210。

其次，径向基函数的最大展开阶次 n_{max} 与观测的空间分辨率有关（Bucha et al.，2016）。然而，尽管航空重力数据的分布相对均匀，但很难从航空数据的采样间隔中获得可靠的频谱信息,因为采样点之间存在很强的相关性(Willberg et al.,2020)。此外,Jiang 等(2016)表明,航空重力数据的有效频谱阶次约为 1600,但由于研究数据和区域不一致,需要重新测试航空数据的有效频谱范围。

最后,本书采用方差分量估计法用于求解径向基函数系数。航空重力数据的精度为 2~3mGal,而 GGM 数据的精度通常很高,在本研究中为 0.5~1mGal。因此,航空数据和 GGM 数据的先验权重比设置为 1∶6~1∶2。

此外,联合建模的结果还需要进一步进行限制:

①如果求出航空重力数据的方差因子大于 GGM 的方差因子到一定程度(e.g. $\sigma_1^2>36\sigma_2^2$),则结果被认为是不正确的,因为它超过了数据先验精度的比率范围。相反,如果航空数据的方差因子小于 GGM 的方差因子($\sigma_1^2<\sigma_2^2$),则结果也被认为是不准确的,因为通常认为 GGM 数据的精度要高于航空数据的精度。

②如果大地水准面和 GPS/水准之间的差异非常大,例如差异的标准差大于 0.2m,那么结果同样被认为是不正确的。

③方差分量估计法在某些情况下可能会失效。这是可能的,因为如果纯卫星重力场模型的数据非常“干净”,则求解出的方差因子就可能非常小,从而导致迭代难以收敛。本书中,迭代阈值设置为 80,如果方差分量估计法在 80 次后仍未收敛,则舍去该组的建模结果。

依据上述约束条件,将不同的输入参数组合分别应用于大地水准面模型的构建,共产生了 4000 多个不同的模型解。其中,共有 2109 个模型解可以满足上述约束条件,约占建模总数的 50%。但是,由于建模解集数过于庞大,本书对上述模型解进行了筛选。由于本研究的目的之一是在沿海地区统一大地水准面模型的构建,因此本书以与海岸线上的 GPS/水准点的差异标准差为筛选原则,将模型解进行了初步筛选。然而,仅依靠海岸线差异的最小标准差似乎仍然不够,因为模型解可能存在彼此矛盾的情况。例如,一些模型的解在沿海地区的差异标准差较小,但陆地地区的差异标准差很大，而其他模型在陆地地区的差异标准差较小，但在沿海地区的差异标准差较大。在这两种情况下，仅考虑其中一个因素，由此产生的模型解决方案可能都不是最优的。因此，本书以海岸线和所有陆地上的最小联合标准差（JSD）为原则，对模型进行了最终筛选 [如式（8-35）所示]，筛选结果如表 8-5 所示。

$$\text{JSD} = \sqrt[2]{SD^2_{\text{coastline}} + SD^2_{\text{all}}} \tag{8-35}$$

表 8-5　根据最小联合标准差（JSD）原则过滤的模型参数统计

模型	数据组成	GGM Samp. Inter	Refdeg	Maxdeg	$P_{\text{Air}} : P_{\text{GGM}}$	JSD/m
GOC5SA	Airborne+GOC5S	0.08°	160	1500	1：6	0.127
GGC16A	Airborne+GGC16	0.09°	150	1500	1：6	0.124
TIM5A	Airborne+TIM5	0.09°	150	1500	1：6	0.124
DIR5A	Airborne+DIR5	0.07°	150	1600	1：4	0.140
EIG6SA	Airborne+EIG6S	0.08°	150	1600	1：5	0.138
SPW5A	Airborne+SPW5	0.09°	160	1500	1：5	0.121

从表 8-5 可以看出，首先，6 个 GGM 的参考场最佳移去阶次为 150~160 阶，而不是其最大展开阶次 280 阶，再次表明局部重力场建模前测试参考场移去阶次的必要性。其次，航空重力数据的最佳展开阶次也有所不同，GOC5SA、GGC16A、TIM5A 和 SPW5A 模型为 1500 阶，而 DIR5A 和 EIG6SA 模型为 1600 阶，这和 Jiang 等（2016）的 1600 阶比较接近。需要说明的是，航空重力数据的展开阶次对于中尺度建模的质量有非常重要的影响，因为通过建模试验表明，不恰当地展开阶次，尤其是超过航空重力数据的最大有效阶次（如 2000 阶），会导致建模误差迅速地升高，从而得到错误的建模结果。另外，当航空重力数据与 GGM 数据的先验权重比为1：6~1：5 时，似乎得到的建模结果更好，除了 DIR5A 模型的 1：4 外，这说明先验权重比的设置对建模结果也有所影响。最后，各 GGM 模型在不同采样间隔下得到的结果也有所差异，GGC16A、TIM5A 和 SPW5A 模型

均为 0.09°，GOC5SA 和 EIG6SA 模型为 0.08°，而 DIR5A 模型的最佳 GGM
数据采样间隔为 0.07°，这可能也与我们的常识有一定偏差。因为 6 个模
型的最大使用阶次均为 280 阶，那么约 0.64°的采样间隔即可以表示出
GGM 数据的分布状况。但是，从实际建模结果看，采样间隔需要足够加密
才能达到较好的约束效果，因为这样可以保证 GGM 数据量大于径向基函
数系数的个数，从而避免求解系数时存在方程组欠定的情况。另外，数据
量的多少也可能影响建模的结果。如果 GGM 的数据量不够多，那么其在
和航空数据联合求解径向基函数系数时所占的比重就可能比较小，从而起
不到较好的约束作用。总体来讲，建模结果最好的是联合航空重力数据与
SPW5A 模型数据得到的融合重力场模型，它们相对 GPS/水准大地水准面
高差异的联合标准差均为 0.121m，大于其他几个模型 0.3~1.9cm。

（3）中尺度重力大地水准面模型精度估计

为了进一步检核中尺度联合建模的效果，本书将融合 GGM 数据和航
空数据得到的中尺度模型与单独由航空数据建立的中尺度模型进行了比
较。具体做法是，参照表 8-5 的输入参数，先得到中尺度的 RBF 重力场模
型，接着恢复低尺度的重力场信息，最后计算出与 GPS/水准数据对应的大
地水准面高差异。需要说明的是，由于参考场及移去阶次的不同，不同的融
合重力场模型之间的精度差异并不能说明中尺度联合建模的优劣。但是，基
于同样的参考场及移去阶次建立起来的重力场模型，在一定程度上可以体现
中尺度联合建模的好坏，因为其主要的差异在于是否在中尺度建模时使用了
额外的 GGM 数据进行约束。表 8-6 给出了大地水准面起伏精度的统计情况。

表 8-6　两尺度重力场模型大地水准面起伏与 GPS/水准大地水准面起伏之间的差异统计

单位：m

Models	Low-scale	Mesoscale	Max	Min	Mean	SD
TSMC1	GOC5S(0~160)	Air(161~1500)+GOC5S(161~280)	0.130	−0.333	−0.096	0.112
TSMA1	GOC5S(0~160)	Air(161~1500)	0.196	−0.342	−0.068	0.128

Models	Low-scale	Mesoscale	Max	Min	Mean	SD
TSMC2	GGC16(0~150)	Air(151~1500)+GGC16(151~280)	0.116	−0.343	−0.095	0.114
TSMA2	GGC16(0~150)	Air(151~1500)	0.184	−0.327	−0.065	0.123
TSMC3	TIM5(0~150)	Air(151~1500)+TIM5(151~280)	0.114	−0.344	−0.095	0.114
TSMA3	TIM5(0~150)	Air(151~1500)	0.185	−0.326	−0.066	0.123
TSMC4	DIR5(0~150)	Air(151~1600)+DIR5(151~280)	0.127	−0.344	−0.093	0.121
TSMA4	DIR5(0~150)	Air(151~1600)	0.199	−0.324	−0.064	0.128
TSMC5	EIG6S(0~150)	Air(151~1600)+EIG6S(151~280)	0.122	−0.342	−0.094	0.121
TSMA5	EIG6S(0~150)	Air(151~1600)	0.198	−0.327	−0.066	0.128
TSMC6	**SPW5(0~160)**	**Air(161~1700)+SPW5(161~280)**	**0.102**	**−0.336**	**−0.097**	**0.105**
TSMA6	**SPW5(0~160)**	**Airborne(161~1500)**	**0.196**	**−0.341**	**−0.068**	**0.127**

从表 8-6 可以看出，首先，融合航空和 GGM 重力数据得到中尺度重力场模型 TSMC，较单独由航空重力数据得到的重力场模型 TSMA，在大地水准面的层面上精度提高了 0.7~2.2cm(表 8-6)。其中 TCMC6 模型精度提高最多，为 2.2cm，而 TSMC4 和 TSMC5 模型精度提高最少，为 0.7cm。这表明了采用 GGM 数据对航空重力数据进行约束可以有效地提高中尺度重力场模型的精度，尽管球谐阶次在大于 150 阶以后，GGM 模型的误差会迅速地增大(Brockmann et al.，2014)。其次，通过融合中尺度航空重力数据和 GGM 重力数据得到的模型中，TSMC1、TSMC2、TSMC3 和 TSMC6 模型的误差较小，尤其是 TSMC2 和 TSMC3，在最大值、最小值、均值和标准差方面都比较接近。而且，更巧的是 TSMC1、TSMC2、TSMC3 和 TSMC6 模型航空重力展开阶次是一致的，这种重复性的建模结果为确定合适的航空重力数据径向基函数展开阶次提供了便利。最后，建模结果

精度最高的是中尺度分别融合 161~1500 阶的航空重力和 161~280 阶的 SPW5 得到的 TSMC6 模型，其与 GPS/水准的标准差为 0.105m，相对其他几个两尺度融合模型精度提高了 0.9~1.6cm。另外，一个有意思的现象是，在中尺度建模时加入 GGM 模型数据对航空重力数据进行约束后，所得到的大地水准面模型的均值反而有所减小（偏差更大）（表 8-6）。造成这一现象的原因，可能与航空重力数据存在的系统性偏差及 GPS/水准的长波水准测量高程（NAVD88）系统性偏差有关（Wang et al.，2012）。由于 GGM 重力大地水准面和航空数据重力大地水准面系统性偏差不一致，而 GGM 的数据权重大于航空数据，致使所得的大地水准面模型的均值有所偏离。

此外，本书还将得到的两尺度模型 TSMC 与 EGM2008 模型进行了比较，因为它是国际公认的高精度重力场模型。然而，由于低阶场的差异，EGM2008 与 TSMC 模型直接比较可能是不恰当的。因此，我们对 EGM2008 模型同样进行了两尺度处理，用 GGM 模型取代了 EGM2008 模型的低尺度重力场信息，并且仍然在中尺度中使用 EGM2008 模型，并将其分别用 EGM2008 Ⅰ~EGM2008 Ⅵ表示。结果表明，TSMC 模型所计算出的大地水准型分布与 EGM2008 Ⅰ~EGM2008 Ⅵ具有高度的一致性。但是，EGM2008 Ⅰ~EGM2008 Ⅵ的标准差为 0.146~0.150m，而相应的双尺度建模解（TSMC1~TSMC6）的标准差为 0.105~0.121m，精度提高了 2.7~4.3cm。另外，本书还将截断至 1500 阶和 1600 阶的 EGM2008 模型（EGM2008_1 和 EGM2008_2）也进行了比较（表 8-7）。尽管 EGM2008_1 和 EGM2008_2 不能说明中尺度联合建模的效果，但利用它可以在一定程度上表明本书得到的两尺度模型的正确与否。结果显示，本书构建的两尺度重力场模型 TSMC1~TSMC6，其与 GPS/水准的差异均值与 EGM2008_1 和 EGM2008_2 相当，但精度却提高了 2.5~4.5cm，这再次证明了本书采用的两尺度联合建模方法的有效性。

表 8-7　EGM2008 模型大地水准面高与 GPS/水准大地水准面高的差异统计

单位：m

Models	Low-scale	Mesoscale	Max	Min	Mean	SD
EGM2008 Ⅰ	GOC5S(0~160)	EGM2008(161~1500)	0.233	-0.389	-0.090	0.149
EGM2008 Ⅱ	GGC16(0~150)	EGM2008(151~1500)	0.241	-0.378	-0.089	0.150
EGM2008 Ⅲ	TIM5(0~150)	EGM2008(151~1500)	0.240	-0.377	-0.089	0.150
EGM2008 Ⅳ	DIR(0~150)	EGM2008(151~1600)	0.237	-0.376	-0.096	0.149
EGM2008 Ⅴ	EIGEN6(0~150)	EGM2008(151~1600)	0.235	-0.379	-0.098	0.150
EGM2008 Ⅵ	SPW5(0~160)	EGM2008(151~1500)	0.228	-0.385	-0.089	0.148
EGM2008_1	EGM2008(0~1500)		0.181	-0.419	-0.101	0.150
EGM2008_2	EGM2008(0~1600)		0.179	-0.405	-0.103	0.146

　　尽管上述比较方法可以在一定程度上检核中尺度模型中加入 GGM 数据的效果，但是由于 GPS/水准仅限于陆地地区，且只有少数离散点，对于近岸海洋部分和其他大多数陆地区域，加入 GGM 数据的大地水准面模型精度改善情况仍然难以评估。因此，本书以 TSMC6 和 TSMA6 为例（表 8-6 加粗数据），分别计算了其中尺度模型下目标区域内的格网大地水准面起伏，并利用 EGM2008 模型比较了大地水准面起伏的相关性情况。如图 8-9 所示，相关统计结果见表 8-8。

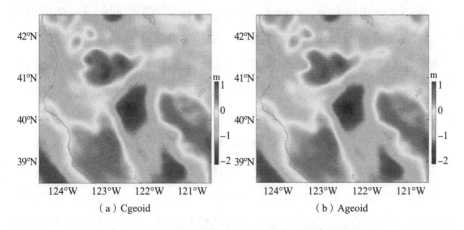

（a）Cgeoid　　　　　　　　　　（b）Ageoid

图 8-9　161~1500 阶的中尺度大地水准面高及其差异

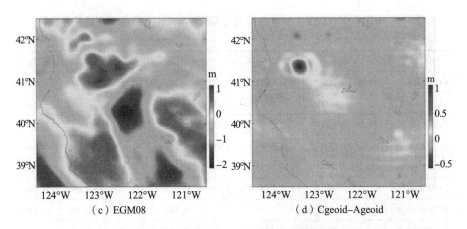

（c）EGM08　　　　　　　　　　（d）Cgeoid-Ageoid

图 8-9　161~1500 阶的中尺度大地水准面高及其差异（续）

注：（a）由 SPW5 GGM 数据和航空重力数据得到的大地水准面模型（Cgeoid），（b）仅由航空重力数据得到的大地水准面模型（Ageoid），（c）161~1500 阶的 EGM2008 模型大地水准面，（d）Cgeoid-Ageoid。

表 8-8　不同大地水准面模型之间差异情况统计　　　　　　单位：m

Models	Max	Min	Mean	SD
Cgeoid	1.620	−1.951	−0.014	0.683
Ageoid	1.506	−2.028	−0.003	0.672
EGM2008	1.566	−2.027	−0.018	0.682
Cgeoid−Ageoid	1.177	−0.246	−0.010	0.081

从图 8-9 可以看出，Cgeoid、Ageoid 与 EGM2008 模型的分布都极为相似［图 8-9（a）和图 8-9（c）］，其相关系数均达到了 99% 以上，这可以在一定程度上说明本书构建的中尺度模型的可靠性。就分布的极值而言，Cgeoid 与 EGM2008 均在（41.05°N，122.95°W）附近达到了最大值，分别为 1.620m 和 1.566m（表 8-8），而 Ageoid 模型略有差异，其最大值出现在（41.4°N，122.6°W）附近，约 1.506m；而在最小值方面，Cgeoid、Ageoid 与 EGM2008 模型的吻合度均比较好，三者的最小值均在（40.3°N，122.4°W）附近出现，分别为−1.951m、−2.028m 和−2.027m（表 8-8）。另外，就大地水准面模型的均值而言，Cgeoid 和 EGM2008 模型较为接近，仅相差 0.4cm，而 Ageoid 与 EGM2008 模型的均值差异较大，达到了 1.5cm（表 8-8）。尽管 Ageoid 模型与 GPS/水准的差异均值更小一些，但是本书认为 Cgeoid 的模

型更加可靠，因为 Cgeoid 模型和 EGM2008 模型的均值符合度更好。而
Ageoid 模型与 GPS/水准的较小均值差异，很有可能来源于航空重力数据的
系统性偏差，因为 GGM 模型数据本书认为应该是没有系统性偏差的。另
外，从 Cgeoid 模型与 Ageoid 模型的差异来看[图 8-9(d)]，在西北部区域
(41.35°N，123.40°W)附近差异较大，差异最大值达到 1.177m(表 8-8)，
这对于标准差仅为 0.081m 的差异来说，是一个相当大的数值。我们也计
算了其他几个中尺度模型的分布差异，均得到了类似结果。出现上述结果
的原因，可能与差异最大值附近航空重力数据的缺失和 GGM 数据的引入
有较大关联[图 8-7(b)和图 8-9(d)]。而在其他一些差异较大的区域，主
要位于目标区域的中西部、中部和中东部，其大地水准面的差异绝对值介
于 0.1~0.5m，占数据总量的 10.82%。造成上述差异的主要原因在于 GGM
数据的引入。最后需要说明的是，由于 EGM2008 模型的精度不一定比 Cgeoid
和 Ageoid 高，因此简单地比较 Cgeoid、Ageoid 与 EGM2008 模型的差异并不
能代表精度的升高或降低，因此，本研究并未对它们的差异进行统计。

最后，TAMC6 与 GPS/水准数据(表 8-6)差异的最小标准偏差值最小，
故将其作为参考场进一步分析。表 8-9 给出了最终选择的重力大地水准面
模型的输入参数。

表 8-9　最终选择的重力大地水准面模型的输入参数

模型	输入参数
Terrestrial degree	1501~3600
Airborne degree	1501~1600
Satllite degree	1501~1550
$P_{ter}：P_{Air}：P_{sat}$	4：1：1
Reuter contorl factor	3600
SRBF type	Shannon

8.2.5　高尺度重力场建模

高尺度重力场模型的构建，本书仍然采用径向基函数建模理论，对航

空重力扰动、地面重力扰动和测高重力异常数据进行融合。其原因主要有以下几点。首先，本研究的目的之一是构建海岸带统一的大地水准面模型，采用径向基函数联合建模的方法，可以纠正多源数据彼此之间可能存在的系统性偏差。尽管通过实际试验显示，除了航空重力数据存在约1mGal的系统性偏差外，其他两种数据之间的系统偏差并不明显。其次，径向基函数在融合多源重力数据共同建模方面较球谐函数有一定优势，可以融合不同频谱、精度和分布的重力数据，这归因于其良好的局部化特性。最后，本书的研究区域属于复杂地区，利用径向基函数可以较小的代价在局部区域建立高阶次的地球重力场模型，从而更好地拟合重力数据信号。同样，和中尺度 SRBF 建模方法一样，高尺度建模也需要设置初始条件。

首先，为了尽可能多地保留有用信息，径向基函数核函数类型仍然采用 shannon 函数，尽管对于不同类型的重力数据采用带有一定滤波特性的核函数可能结果更好一点（Liu et al.，2020）。其次，由于地面重力数据平均分辨率约为 6km，根据 Lieb 等（2016）的准则，本书将其展开至 3600 阶。航空重力数据通过中尺度建模的试验表明，1501～1600 阶仍然含有部分有用信息，而超过 1600 阶建模精度会降低，因此本书高尺度建模时将航空重力数据展开至 1600 阶。卫星测高数据的分辨率尽管为 2′，但由于该数据比较平滑，高尺度建模时仅将其展开至 1550 阶。因为过大的展开阶次，会出现卫星测高数据的过拟合现象。那么，求解径向基函数系数时其占的比重就会偏大。而这种结果不是我们想看到的，因为卫星测高数据并未覆盖陆地区域，过多地依赖卫星测高得到建模结果可能是不正确的。再次，径向基函数格网仍然采用 Reuter 格网，不过本次格网的控制参数取值为 3600，与地面重力数据的最大展开阶次一致。最后，高尺度建模仍然受边缘效应的影响。本书在观测数据区域 $\partial\Omega_O^H$ 的基础上分别扩展 0.1° 和缩减 0.5°，得到计算区域 $\partial\Omega_C^H$ 和目标区域 $\partial\Omega_T^H$。相关的区域分布情况如图 8-10 所示。

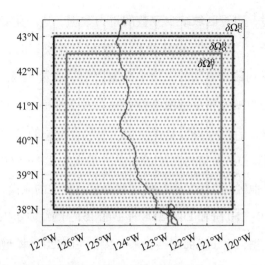

图 8-10　计算 $\partial\Omega_{C}^{H}$、观测 $\partial\Omega_{O}^{H}$ 和目标区域 $\partial\Omega_{T}^{H}$ 的不同扩展，以及网格点的位置

8.2.6　高尺度建模重力数据移去处理

由于本研究陆地区域地处高山区，高尺度建模时除了需要扣除中、低尺度的重力场影响之外，还需要额外扣除地形因素带来的重力场影响，因为这样可以使所得到的剩余重力数据平滑一些，进而取得较好的二乘拟合效果（Bucha et al.，2016）。本书采用 1501~2159 阶的 dV_ELL_Earth2014 地形模型（以下简称 E2014）（Rexer et al.，2016）和 2160~80000 阶（相当于250m 的空间分辨率）的剩余地形模型 ERTM2160（以下简称 ERTM）（Hirt et al.，2014）进行表示。本书使用两个不同的地形模型进行残余地形影响的处理，这是合理的，因为这两个模型（E2014 和 ERTM）使用的是相同的原始数据，并包含相同的信号（Hirt et al.，2014；Rexer et al.，2016）。对于航空重力数据，本书将 1501~1600 阶的 E2014 模型影响移去，而不是扣除至 5480 阶（Liu et al.，2020）。因为通过多次试验显示，航空重力数据的有效频谱信息约 1700 阶。本书认为对于带限性的航空重力数据，扣除超出其有效频谱范围的剩余地形信息，可能会引入新的误差。

另外，一个极其重要的因素是中尺度模型边缘效应的影响。由于在中尺度模型建构时，边缘区域缺少完整的重力数据，边缘附近的重力数据拟合残差一般比较大。因此，在移去中尺度重力场模型时，必须小心地处理，否则可能影响最终得到的大地水准面模型的质量。因此，本书采用裁剪的方法对不同数据分布分情况进行处理。对于地面重力数据来说，分两种情况进行处理。若地面重力数据点位于中尺度模型的目标区域内（图 8-8 黑色方框），则移去第 4 节得到的最优重力场模型 TSMC6（0~1500）；而若该数据点位于其他区域，为了保持所得剩余重力数据的频谱一致性，分别移去 TIM5 模型的 0~160 阶和 EGM2008 模型的 161~1500 阶重力场信息。但是，对于航空重力数据，由于沿海岸线向海一侧的 EGM2008 模型的精度也不高，因为其主要由质量较差的卫星测高重力数据反演得到。因此，高尺度剩余数据计算时，本书仅对属于中尺度模型的目标区域的航空重力数据进行移去处理，对其他航空重力数据进行了舍去。卫星测高重力数据，尽管其在沿岸区域的精度可能比较差，本书仍将其加入沿海大地水准面模型的计算，因为 DTU17 设计的目标之一就是增强海岸带数据的质量。同样，为了保持频谱的一致性，本书扣除了 EGM2008 模型的 0~1500 阶的重力异常信息。图 8-11 绘出了三种剩余重力数据的分布情况，相关的统计结果见表 8-10。

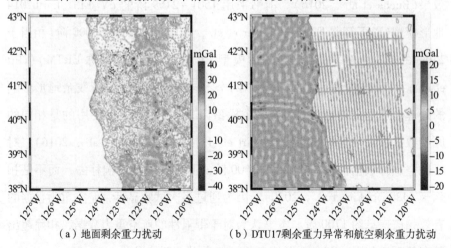

（a）地面剩余重力扰动　　　（b）DTU17剩余重力异常和航空剩余重力扰动

图 8-11　三种剩余重力数据的分布情况

表 8-10　移去 GGM 和地形模型后剩余重力数据的统计　　　单位：mGal

Data	Max	Min	Mean	SD
$\delta g_{res}(x_{air})$	9.89	-11.42	0.01	2.42
$\Delta g_{res}(x_{alt})$	18.41	-15.90	0.01	3.26
$\delta g_{res}(x_{ter})$	38.88	-95.09	0.14	7.40

从图 8-11 可以看出，剩余地面重力扰动的变化较为明显；而 DTU17 卫星测高剩余重力异常和航空剩余重力扰动则变化比较平缓。造成上述现象的主要原因可能与该研究地区复杂的地形环境、DTU17 与航空重力数据本身的带限特性及航空重力数据较高的高度有关。另外，从表 8-10 可以看出，地面重力数据的剩余信号标准差约为 7.40mGal，这一数值和 Liu 等（2020）、Willberg 等（2020）和 Grigoriadis 等（2021）得到的剩余值结果相当。尽管研究区域和参考场的移去阶次有所不同，但是所采用的输入数据及精度基本是一致的，而且它们均采用了相同的地形扣除策略，这可以为本书所得的剩余地面重力数据提供一定参考。DTU17 剩余重力数据所在的海洋地区本身比较平缓，但仍然可从中看到，在海洋中部存在东西向的正负相间的数据条带。另外，在海岸带附近，DTU17 的剩余值比其他地区似乎要大一些，其最终数据的剩余标准差为 3.26mGal。而航空重力数据大部分地处陆地地区，但其变化较地面重力数据小得多，在移去中、低尺度和地形因素的影响后，所求得的剩余航空重力数据的标准差变得很小，为 2.42mGal。本书认为这主要归因于航空重力数据较高的高程信息及其本身的带限性质。需要说明的是，航空和卫星测高重力数据的精度也只有 2～4mGal。因此，若利用两种剩余重力信号进行高尺度建模时，需特别注意两种数据的径向基函数展开阶次，因为若展开阶次过高，很可能造成过度拟合现象，从而导致建模精度降低。另外，剩余重力较大或较小的区域，均在地面重力数据中产生，其中剩余重力较大的区域，主要位于东北部的

山脉地带(41.99°N，122.72°W)附近；而幅值较小的区域，在(41.37°N，123.45°W)附近，最小值达到了-95.09mGal。地面重力数据相对较大的建模残差，除了少部分受地形因素信息的影响之外，我们认为更多的是因为其包含的高尺度重力场信息，这为陆地数据恢复高尺度的大地水准面模型提供了支撑。

8.2.7 大地水准面模型的恢复

依据上文，可以恢复低、中、高尺度的高程异常信息，进而转化为大地水准面。然而，遗憾的是，高尺度的剩余重力数据的加入并未对所有区域的大地水准面精度的改善产生积极影响。相反，在海岸带附近区域，其精度反而有所降低。究其原因，这可能与海岸带附近缺少高精度、高分辨率的海洋重力边界数据以及海岸带地区较差的残余地形模型质量有关。因此，本书在恢复大地水准面起伏时，进行了区域划分，并对不同的区域分别采用了不同的恢复措施。图8-12绘制出了大地水准面恢复时区域划分的分布情况，相关的大地水准面恢复的具体情况见表8-11。

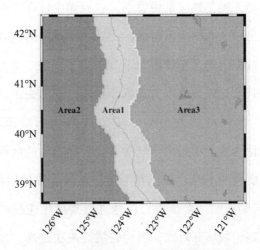

图8-12　恢复过程中不同子区域的划分

表 8-11 不同子区域最终恢复的大地水准面的构成

子域	中、低尺度大地水准面		高尺度大地水准面	
Area1	SPW5(0~160)	RBFM(161~1500)	—	—
Area2	SPW5(0~160)	EGM2008(161~1500)	RBFM(1501~1550)	E2014(1501~2190)
Area3	SPW5(0~160)	RBFM(161~1500)	RBFM(1501~3600)	E2014(1501~5480)

首先，在距离海岸线绝对值小于 0.5°区域(Area1)，本书仅恢复球谐阶次至 1500 阶的大地水准面信息，因为通过反复试验，高尺度剩余重力数据的加入并未使海岸带附近的大地水准面精度有所提高。其次，距离海岸线小于 -0.5° 的远海区域(Area2)，由于本书只使用了一种数据，对其精度不能较好地作出评估，因此将其恢复至 2190 阶(E2014)，因为这样可以与同样是 2190 阶的 EGM2008 模型进行比较。最后，距离海岸线大于等于 0.5° 的内陆区域(Area3)，我们将地形因素引起的大地水准面影响恢复至 5480 阶，因为随着残余地面模型恢复阶次的升高，可以有效地改善内陆大地水准面模型的精度。

8.2.8 结果比较与分析

为了验证本书提出的多尺度建模方法及区域划分的有效性。首先，我们将依区域划分得到的建模精度与不划分区域统一建模的精度进行了比较。首先，将按不同区域划分并分别恢复至不同阶次的重力场模型称为 Model1，将不按区域划分、均恢复至相同阶次得到的模型称为 Model2，同时，为了保证可比性，Model2 的建模输入参数及多尺度建模方法完全一致。其次，我们还将基于单一尺度的 SRBF 建立起来的重力场模型与 Model1 进行了对比。同样，为了保持一致性，地面、航空和卫星测高重力数据均展开至与 Model1 相同的阶次，即分别为 3600、1600 和 1550。但是，由于建模方法的差异，单一尺度 SRBF 建模，其最佳参考场移去阶次未必是本书确定的 160 阶。因此，我们对 SPW5 模型在不同移去阶次下(160，170，…，270，280)的 SRBF 建模结果分别进行了测试，并确定出了最优移去阶次（260 阶）下的单尺度 SRBF 模型，称为 Model3。再次，我们也将移去至 719 阶的 XGM2016 模型的 SRBF 建模结果加入了对比，因为曾有众多学者采用此种移去方法进行局部大地水准面的精化（Grigoriadis et al.，2021），尽管建模区域有所不同，将其所得模型称为 Model4。另外，根据 Schmidt 等（2007）和 Lieb 等（2016）的数据频谱划分方法，重力数据的最大频谱阶次可根据其分辨率的高低，展开至 2^j-1 阶（$j=0，1，2，\cdots$）。因此，本书依据地面、航空和卫星测高重力数据的分辨率情况，将三种重力数据就近归类，分别展开至 4095（$j=12$）、2047（$j=11$）和 1023（$j=10$）阶，同时为了保持与 Model1 和 Model2 模型的可比性，低尺度参考场也移去 SPW5 模型的 260 阶（与 Model3 相同），从而得到单尺度的 SRBF 模型 Model5。需要说明的是，由于其相对固定的尺度划分规则，本书依上述原则划分的数据进行多尺度 SRBF 建模，因为依据 2^j-1 的划分原则，航空重力数据进行中尺度建模时，它的展开阶次要么是 1023 阶，要么是 2047 阶，而这两种展开阶次均未得到较好的建模效果。可能的原因是本书中确定的最佳中尺度航空重力数据展开阶次为 1500 阶，恰恰介于上述 1023 阶和 2047 阶阶次的中间。1023 阶阶次过低，而 2047 阶阶次又太高，两者可能分别造成了欠拟合和过拟合的现象，从而严重影响了建模结果。最后，EGM2008 模型作为全球公认的高精度大地水准面模型，与其精度的比较可以在一定程度上证明所构建模型的可靠性，我们也将其与上述模型进行了比较（Model6）。相关的统计结果见表 8-12，最终的误差分布见图 8-13。

表 8-12　重力大地水准面高与 GPS/水准大地水准面高之间的差异　单位：m

模型	模型构成	Area	Max	Min	Mean	SD
Model1	Two-scale RBF：SPW5（0~160）+RBF（161~1500）+RBF（1501~3600）+RTM（1501~5480）	LA	0.054	-0.310	-0.107	0.097
	SPW5（0~160）+RBF（161~1500）	CA	0.042	-0.189	-0.030	0.049
Model2	Two-scale RBF：SPW5（0~160）+RBF（161~1500）+RBF（1501~3600）+RTM（1501~5480）	LA	0.082	-0.339	-0.118	0.099
		CA	0.082	-0.202	-0.038	0.057
Model3	One-scale RBF：SPW5（0~260）+RBF（261~3600）+RTM（261~5480）	LA	0.161	-0.314	-0.122	0.109
		CA	0.161	-0.151	-0.032	0.074

续表

模型	模型构成	Area	Max	Min	Mean	SD
Model4	One-scale RBF：XGM16(0~719)+RBF(720~3600)+RTM(720~5480)	LA	0.145	−0.371	−0.110	0.130
		CA	0.145	−0.159	0.020	0.073
Model5	One-scale RBF：SPW5(0~260)+RBF(261~4095)+RTM(261~5480)	LA	0.139	−0.354	−0.118	0.115
		CA	0.071	−0.153	−0.011	0.052
Model6	EGM2008(0~2190)	LA	0.174	−0.376	0.106	0.145
		CA	0.174	−0.124	−0.040	0.080

注：LA 为陆地区域，CA 为海岸线区域。

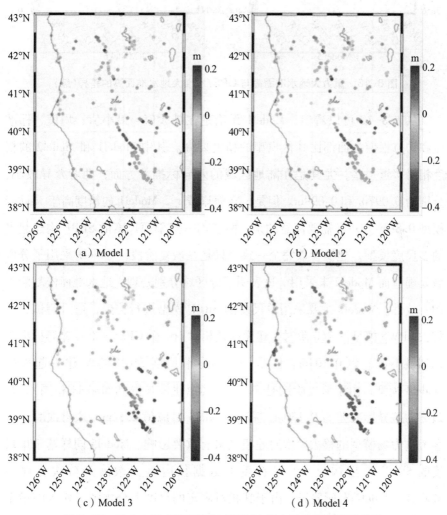

图 8-13　重力大地水准面高与 GPS/水准大地水准面高的差异

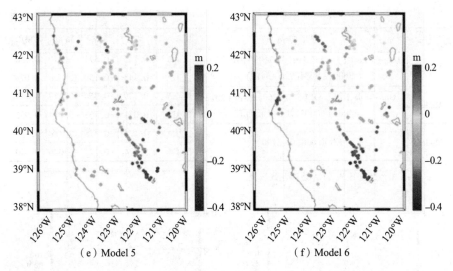

（e）Model 5 　　　　　　（f）Model 6

图 8-13　重力大地水准面高与 GPS/水准大地水准面高的差异（续）

从表 8-12 可以看出，Model1 无论是在最大值、最小值、均值、标准差和均方根值方面都比其他模型的精度要高。其中 Model1 和 Model2 的精度相对接近一些，尤其是在陆地区域的差异标准差方面，两者差异较小，分别为 0.097m 和 0.099m。但是，在海岸线上，Model1 的精度高于 Model2 模型 0.8cm（SD）。需要注意的是，两者均是基于两尺度的 SRBF 构建起来的多尺度模型，建模参数完全一致，只是在恢复阶段，Model1 采用了分区域处理，而 Model2 未采用。这表明了分区域分别处理大地水准面恢复阶次的有效性。Model3 主要采用单尺度的 SRBF 模型进行构建，通过测试，当移去 SPW5 模型的 260 阶时，建模误差相对 161 个 GPS/水准点差异标准差达到最小值，为 0.109m。但是，同样是单尺度 SRBF 方法建立起来的 Model4 模型，由于移去阶次是 719 阶（其他建模参数和 Model3 相同），其最终的差异标准差为 0.130m，高于 Model3 对应值 2.1cm，这再次验证了参考重力场模型的移去阶次对建模结果有重要影响。Model5 同样基于单尺度的 SRBF 模型构建，但是在重力数据径向基函数展开阶次方面与 Model1～Model4 有所差异，由于其相对固定的尺度划分规则，Model5 模型的地面、航空和测高重力数据展开阶次分别为 4095（$j=12$）、2047（$j=11$）

和 1023($j=10$)阶，而 Model1～Model4 的地面、航空和测高重力数据展开阶次分别为 3600、1600 和 1550 阶，尤其是 Model3 和 Model5，两者的移去阶次均为 SPW5 模型的 260 阶，唯一的区别就在于建模时重力数据的展开阶次。但从建模结果看，Model3 比 Model5 在陆地上的差异标准差减少了 0.6cm，说明了重力数据展开阶次也对建模结果有一定影响。最后，误差最大的是展开至 2190 阶的 EGM2008 模型，其标准差在全陆地和海岸线上分别为 0.145m 和 0.080m，比 Model1～Model5 的对应值都要大，其中相对于 Model1 标准差大得最多，分别达到了 4.8cm 和 3.1cm。这表明了利用 SRBF 进行多尺度重力建模可以有效地改善重力场模型的质量。

从图 8-13 可以看出，6 个模型的大地水准面高误差分布基本相同，基本呈西北部为正、东南部为负的误差分布。造成上述分布的原因，可能与 GPS/水准本身的长波系统偏差有关(Wang et al.，2012)。首先，可以明显看出，Model1 和 Model2 的误差较 Model3～Model6 要小一些，无论是在海岸线上还是在内陆区域，这再次表明了本书采用的两尺度 SRBF 建模方法的有效性。对比 Model3 和 Model4，两者的主要差异在于移去阶次的不同，但是 Model4 的误差较 Model3 要大，主要分布在区域的北部和海岸线中部及东南部的部分区域，这再次说明参考重力场模型的移去阶次会影响到 SRBF 的建模结果。其次，对比 Model3 和 Model5 模型，它们的主要差别在于输入数据径向基函数展开阶次的不同，但是 Model5 在海岸线上的误差比 Model3 大得多，这可能也是导致其整体误差偏大的主要原因。最后，误差最大的是展开至 2190 阶的 EGM2008 模型(Model6)，其在区域的北部、海岸线的中部及东南部的局部地区，误差相较于其他几个模型都是最大的。而误差最小的，是主要基于 SRBF 建立起来的多尺度重力场模型 Model1，其在海岸线上和全陆地区域相对于 GPS/水准数据的差异标准差分别为 0.049m 和 0.097m，这得益于本书航空重力数据的加入，以及 SRBF 良好的融合多源重力数据方面的能力以及恢复阶段大地水准面特殊的恢复策略。

利用 Model1 构建起来的多尺度模型与图 8-12 和表 8-11 特殊的大地水准面恢复策略，我们计算了目标区域内的格网大地水准面模型。另外，为了评估大地水准面的改善情况，我们将构建的大地水准面模型与EGM2008 模型进行了对比，图 8-14 绘出了 Model1 大地水准面的分布情况及与 EGM2008 模型的分布差异情况。表 8-13 统计了不同区域下两者大地水准面高的差异情况。

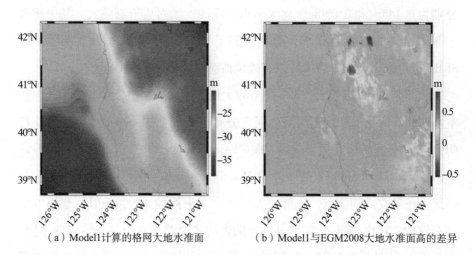

（a）Model1计算的格网大地水准面　　（b）Model1与EGM2008大地水准面高的差异

图 8-14　Model1 大地水准面的分布情况及与 EGM2008 模型的分布差异

表 8-13　Model1 和 EGM2008 大地水准面之间的差异　　单位：m

Area	Max	Min	Mean	SD
Inland area	0.870	−0.554	0.017	0.101
Coastal area	0.217	−0.222	−0.017	0.069
Open seas	0.043	−0.094	−0.021	0.024
All area	0.870	−0.554	−0.001	0.081

尽管通过与 GPS/水准比较，Model1 的精度要高于 EGM2008 模型，但是上述比较仅限于 GPS/水准点位置处。而对于其他区域，由于两者均含有误差，很难说清两者的差异误差更多的是来源于哪一个。在缺乏高精度的校准大地水准面模型的情况下，本书认为两者的差异绝大部分来源于

Model1 精度的提高。因为在陆地上，EGM2008 的构建主要来源于地面重力数据，而 Model1 却是融合了航空和地面重力数据得到的结果；而在海洋上，EGM2008 模型主要来源于早期的卫星测高重力数据，而 Model1 则主要来源于 DTU17 卫星测高重力数据。因此，无论是在数据源的质量上，还是在数量上，Model1 都可能比 EGM2008 模型的精度高一些。

从图 8-14(a)可以看到，研究区域大地水准面整体呈从东北向西南逐渐减小的趋势，幅值从东北角的约 -20m 变化至西南角的约 -38m。并且，Model1 和 EGM2008 模型相似度较高，相关系数达到了 99.98%，鉴于 EGM2008 模型的国际公认性，这可以在一定程度上证明本书所采用的多尺度建模方法及大地水准面恢复策略的可靠性。图 8-14（b）为 Model1 与 EGM2008 大地水准面模型的差异（Model1-EGM2008），从图中可以看到，两者的差异主要分布于陆地及沿海区域，差异标准差分别为 0.101m 和 0.069m。其中分别在经纬度坐标（41.42°N，123.44°W）和（42.08°N，122.72°W）处达到了最大值和最小值，分别为 0.870m 和 -0.554m，这和大地水准面的整体分布趋势（从东北向西南逐渐减小）有所差异，也反映了 Model1 和 EGM2008 模型在细节信息上的差别。另外，在陆地区域从西北向东南部，可以隐约地看到正负相间的差异变化，而造成上述差异的主要原因，我们认为主要与中尺度航空重力数据和高尺度地面重力数据的加入有关。而在开阔海洋地区，Model1 和 EGM2008 模型的大地水准面差异较小，最大和最小差异值分别为 0.043m 和 -0.094m，标准差为 0.024m。造成这样的差异的原因，可能与所采用的卫星测高重力数据质量有关。最后，在整个区域内，两个模型的大地水准面差异均值接近于 0，表明 Model1 和 EGM2008 模型在整体分布趋势上是吻合的，这也可以为所构建的多尺度模型的整体质量提供一定参考。

8.2.9 讨论与结论

高精度的大地水准面模型的构建历来是大地测量学研究的难点和热点

问题。其准确性的确定对于研究地球形状、地球内部构造及海平面变化等都有着重要的作用。首先，本书通过对多源重力数据的分析，建立了主要基于径向基函数的多尺度地球重力场模型，通过与单尺度 SRBF 建模方法对比，本书提出的多尺度建模方法在精度上提高了 1.2 ~ 3.3cm（表 8-12 Model1 相对于 Model3 ~ Model5），表明了建模方法的有效性。其次，本书采用航空重力数据进行中尺度重力场建模，并提出在建模时引入 GGM 数据对航空重力数据进行约束，与由单种航空重力数据得到的中尺度模型相比，该方法具有明显的改善作用。通过与 EGM2008 模型对比，所建立的中尺度模型的大地水准面高的分布与中尺度的 EGM2008 模型（161 ~ 1500）大地水准面高相似度较高，在一定程度上表明了中尺度模型的可靠性。最后，本书分析了影响径向基函数建模的多种因素，包括重力数据径向基函数展开阶次（带宽）、径向基函数格网、边缘效应、低尺度重力场模型移去阶次及剩余地形模型移去阶次等。所得结论是，除了径向基函数格网之外，其他每一个因素都会对最终的大地水准面精度造成一定影响，尤其是参考重力场模型的移去阶次及重力数据的径向基函数展开阶次，对 SRBF 建模结果有显著影响，因此在建模前确定出最佳的参考场移去阶次及重力数据的展开阶次显得非常重要。

另外，本书更倾向于利用重力数据的径向基函数的展开阶次来表示其带宽，因为这样可以在一定程度上与球谐函数建立联系，从而可以直观地了解不同重力数据间的频谱差异。同样，使用基函数格网时本书更倾向于使用 Reuter 格网，因为其可以在保证均匀性布点的同时，又可以通过控制参数与数据的频谱信息建立联系。例如，控制参数 $\beta = n_{\max}$ 或 $\beta = n_{\max} + 1$（Lieb et al.，2016），这样可以在很大程度上避免建模时的过参数化或欠参数化。最后，在沿海地区，本书主张对大地水准面恢复分区域区别对待。因为实际建模试验表明，沿海地区建模不仅受重力数据稀缺、测高重力数据质量差、陆地和海洋数据可能存在系统性偏差等问题的困扰，复杂的地形环境以及在高分辨率海洋重力数据的匮乏也可能是影响大地水准面精度的重要因素。因此，本书采用主要基于航空重力数据所建立的重力场模型进行大地水准面的恢复，这样似乎可以有效地减弱海岸带边界海洋数据及残余地形模型质量对大地水准面恢复精度的影响。另一个解决办法是在沿海地区加入相对高精度的船测重力数据，也许可以弥补沿海地区海洋边界数据质量不高的缺陷。但由于船测重力数据分布较不均匀，且测量年代跨度较大、精度参差不齐且还可能含有系统性偏差等原因，本书未将其作为数据源加入陆海统一大地水准面模型的构建。

另一个需要说明的是，本书中 SRBF 建模输入参数的确定，完全依赖 GPS/水准数据。但是若 GPS/水准精度较差，可能会影响最终的建模结果。一种可行的办法是利用所构建模型与相对高精度的校准模型进行比较，或者利用误差传播定律求解出所构建的重力场模型的精度。但是，其前提是所谓的校准模型具有足够高的精度，或者对于重力数据的先验精度非常清晰，而这两者似乎本书都难以做到，起码对于本书的研究地区来说。因此，在上述两个条件都难以满足的情况下，本书仍然推荐采用 GPS/水准对建模参数进行确定，因为影响建模结果的因素实在是太多了。另一种可行的办法是采用少量的 GPS/水准数据作为控制数据，对建模参数进行确定，再与未参与控制的 GPS/水准进行比较。但是实际上，筛选 GPS/水准作为控制数据也是难点之一，因为不同的 GPS/水准控制数据可能得到的建模参数是不同的。因此，为了避免因筛选 GPS/水准数据不当对建模结果的影响，本书采用所有的 GPS/水准数据进行 SRBF 建模参数的确定。

最后，本书通过多尺度 SRBF 建模方法，得到了研究区域陆海交界区域统一的相对高精度大地水准面模型。其相对于全部 GPS/水准点的差异标准差为 0.097m，相对于海岸线上的 GPS/水准点的差异标准差为 0.049m，精度高于其他几种建模方法得到的大地水准面模型，而且研究区域属于较为复杂的山区，可以为全球高程基准的统一提供部分参考。

8.3　南海地区大地水准面精化

8.3.1　数据准备与预处理

选取了南海地区约 $10°×8°$ 的研究区域作为重力场建模实验对象，具体范围为北纬 $8°N\sim18°N$，东经 $108°E\sim116°E$。输入数据有两种，一种是丹麦空间研究所提供的 $2'×2'$ 的自由空气重力异常数据（DTU13），总共 72000个数据；另一种是由 EIGEN-GL04S 重力场模型计算得到的大地水准面起伏数据。

EIGEN-GL04S 由 GRACE 卫星数据和 LAGEOS 数据联合解算得到，但是其在高阶精度方面稍差，因此在建模之前，有必要对其可靠阶次进行分析。图 8-15 绘出了 EIGEN-GL04S 模型大地水准面在各阶次信号及误差的分布情况。在 $2\sim36$ 阶范围内，大地水准面误差阶方差呈先下降后上升的趋势，累积误差阶方差缓慢上升，前 36 阶对应的累积误差阶方差为 0.006m；在 36 阶以后，误差阶方差和累积误差阶方差都迅速增大；在125 阶左右，累积误差阶方差与信号阶方差相当，达到 0.08m；此后，累积误差阶方差开始大于信号阶方差。因此，为了更好地利用 EIGEN-GL04S 模型的中、低阶信息，本书采用移去—恢复法，以 EIGEN-GL04S 模型的前 36 阶作为参考，而高阶截断至 120 阶（累计大地水准面误差为 0.06m）。基于此计算了研究区域内 $6'×6'$ 的大地水准面起伏数据，数据总量为 8181 个。

EIGEN-GL04S 模型在中、低阶波段信号精度较高，但分辨率较低；DTU13 重力异常主要由卫星测高数据得到，分辨率较高，包含了丰富的高频信号。因此，联合这两种数据，弥补彼此之间的不足，便可能得到一个高质量、高分辨率的重力场模型。图 8-16 绘制了移去低阶重力场贡献后

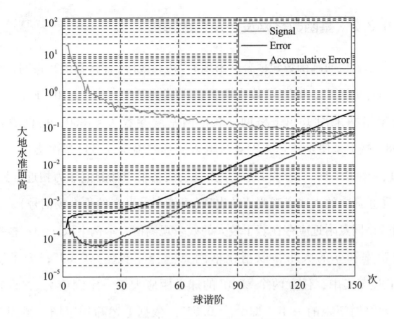

图 8-15 EIGEN-GL04S 模型大地水准面阶次信号及误差

的两种数据的分布情况。

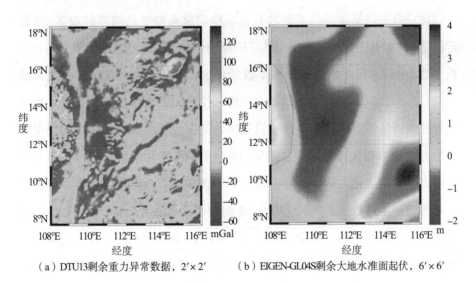

（a）DTU13剩余重力异常数据，2′×2′　　　（b）EIGEN-GL04S剩余大地水准面起伏，6′×6′

图 8-16 南海部分地区的重力场剩余输入数据

8.3.2　基函数格网设计及系数解算

考虑到径向基函数建模普遍出现的"边缘效应"，将基函数格网建模区域四周各扩展1°，即基函数格网覆盖区域为7°N～19°N，107°E～117°E。初始粗格网采用 Reuter 格网，取格网密度参数 L = 1800，格网总数为11768。接下来便是精化格网算法输入参数的确定，经过多次尝试，当取 τ_1 = 1、τ_2 = 0.5 时，此时得到的重力场反演结果与观测值最为相近；另外，为了防止孤立的大残余观测值的出现（可能不是真实的重力场信号），待定基函数格网点附近应存在若干较大的残余观测值，本例中取 q = 3；根据数据分辨率和 q 的大小，取精化格网点选择半径 ψ_c = 0.04°；为了防止 SRBF 过度集中，任意两个 SRBF 的球面距应大于一定阈值 $\psi_{\min}$，设置为初始粗格网间距的一半，即 $\psi_{\min}$ = 0.05°。依据上述筛选原则，得到精化基函数点数为2719。最终利用所有选定的基函数（粗+精），共同构建局部重力场。

高分辨率局部重力场基函数系数的精确求解需要足够多的观测量（超定问题），本书中观测值数据量为72000+8181＝80181，远远多于基函数系数个数14487，因此能满足求解系数的要求，但同时也可能引起过度拟合现象；另外，重力异常和高程异常观测点位之间距离可能非常接近，也可能导致所得线性系统存在很强的相关性。上述两种因素综合作用的结果就是所得的法方程矩阵病态化。表8-14列出了正则化前后的条件数及其各方差因子。正则化之初，各方差因子分别赋值为1，此时法方程出现严重的病态性，条件数达到 5.85×10^{12}，求解过程提示矩阵奇异，在经过5次迭代之后，方差因子趋于稳定，此时方程条件数为 3.73×10^3，各方差因子分别为 σ_1^2 = 1.694m²/s⁴，σ_2^2 = 0.134m²，σ_μ^2 = 7.42×10^{-2}，方差因子比值 σ_1^2/σ_2^2 = 12.64∶1，进而基函数系数可由此解得。

表 8-14 方差分量估计法正则化条件数和方差因子

	条件数	$\sigma_1^2/(m^2/s^4)$	σ_2^2/m^2	σ_μ^2
正则化前	5.85×10^{12}	1	1	1
正则化后	3.73×10^3	1.694	0.134	7.42×10^{-2}

8.3.3 基函数模型误差与解释

本书主要采用 Abel – Poisson 径向基函数建模（Abel – Poisson basis function modeling），取其英文首字母，将构建的模型命名为 APBF 模型。图 8-17(a)绘制出了建模后恢复的重力异常数据的误差分布情况，为便于解释，图 8-17(b)给出了该地区对应的 SRTM_PLUS30 海底地形。

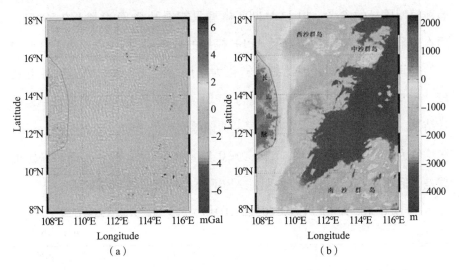

图 8-17 南海局部地区 APBF 模型重力异常数据恢复误差及海底地形

从图 8-17 可以看出，绝大部分地区误差值较小，且分布均匀，较大的误差主要集中于区域东南角的南沙群岛、西部的长山山脉和北部的西沙群岛，这主要归因于这些区域复杂的海底地形。南沙群岛由于其岛礁众多、分布较广，且位于海盆的边缘地带，地形最为复杂，建模后拟合误差最大值、最小值也出现在这一区域，分别为 $6.80\times10^{-5}\,m/s^2$、-7.54×10^{-5}

m/s^2（表 8-15）；区域东部狭长的长山山脉，地质构造复杂，高峰多达 1500~2000m，地势崎岖，误差达到 $5.47\times10^{-5}m/s^2$；西沙群岛和中沙群岛之间东北向的巨型海槽和群岛东南侧的中央深海海盆，使得该地区的重力异常变化比周围大多数地方都大，因此该地区也有较大的误差；另外，在中沙群岛与南沙群岛的中间地带，海底地形起伏虽小于前三个地区，但仍可以看到明显的剩余误差。除上述几个地区外，绝大部分区域建模误差均小于 $\pm1.5\times10^{-5}m/s^2$，区域整体拟合误差 RMS 为 $\pm0.80\times10^{-5}m/s^2$（表 8-15），验证了应用 Abel-Poisson 径向基函数和数据自适应算法构建局部重力场模型的有效性。

EGM2008 模型是目前已经得到公认的高阶次重力场模型，可以作为检验新模型质量的参考。但 EGM2008 模型只能展开至 2190 阶（约 $5'\times5'$），而本书采用的 DTU13 数据以及 APBF 模型的分辨率为 $2'\times2'$。由于这些数据的空间分辨率不同，因此必须转化为相同的空间尺度，再进行相互比较。表 8-15 列出了 EGM2008 模型与 APBF 模型以及 DTU13 数据的偏差统计结果。APBF 模型与 EGM2008 模型的偏差绝对值不超过 $9.56\times10^{-5}m/s^2$，平均值为 $-0.076\times10^{-5}m/s^2$，RMS 为 $\pm0.75\times10^{-5}m/s^2$，两者之间有一定的偏差，但相差不大，进一步证明了 APBF 模型的有效性和可靠性。

表 8-15　APBF、EGM2008 和 DTU13 三者之间重力异常偏差比较

单位：$10^{-5}m/s^2$

	Resol.	Max	Min	Mean	RMS
APBF-DTU13	~3.6km($2'\times2'$)	6.80	-7.54	0.085	±0.80
APBF-EGM2008	~9km($5'\times5'$)	7.70	-9.56	-0.076	±0.75
DTU13-EGM2008	~9km($5'\times5'$)	7.48	-9.98	-0.011	±0.74

由于兼顾了大地水准面和重力异常不同频谱的信息，建模解得的径向基函数系数 α 不再与先前任何单一数据的频谱相对应，而是融合了两种数据的共同特性。因此，依据这些系数，不仅可以得到与 EIGEN-GL04S 相对应的低阶（120 阶）大地水准面起伏数据，还可以得到与 DTU13 重力异常

频谱相适应的更高阶次的其他重力场相关量。图8-18绘制了径向基函数模型APBF计算的剩余大地水准面起伏数据图，相关的误差统计见表8-16。

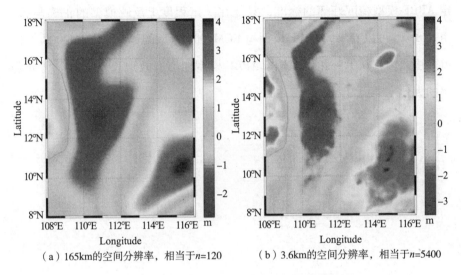

（a）165km的空间分辨率，相当于$n=120$ （b）3.6km的空间分辨率，相当于$n=5400$

图8-18 APBF模型计算的剩余大地水准面起伏

图8-18（a）为径向基函数APBF模型恢复的120阶剩余大地水准面起伏，通过与EIGEN-GL04S输入大地水准面起伏数据［图8-18（b）］比较，两者符合程度较好，偏差最大为0.453m，最小为−0.471m，RMS为±0.066m（表8-16），表明了APBF模型良好的低阶精度。

图8-18（b）为APBF模型得到的高分辨率大地水准面起伏（3.6km的空间分辨率），为了评估APBF模型的高阶大地水准面起伏数据的质量，选取EGM2008模型作为参考对象，两个模型同时计算至2190阶（分辨率约9km），统计结果列于表8-16。

表8-16 APBF与EIGEN-GL04S和EGM2008大地水准面起伏偏差统计

单位：m

	Resol.	Max	Min	Mean	RMS
APBF−EIGEN	~165km (1.5°×1.5°)	0.453	−0.471	−0.002	±0.066
APBF−EGM2008	~9km(5′×5′)	0.269	−0.535	−0.019	±0.115

由于该地区缺乏 2′×2′的大地水准面数据，故选用 EGM2008 模型作为评估 APBF 模型的参考。但是，EGM2008 本身也具有误差，并不能作为判定 APBF 模型精度好坏的标准，只能在一定程度上反映模型的正确与否。由表 8–16 可以看出，APBF 模型与 EGM2008 模型的偏差在 EGM2008 的误差范围之内，从另一角度表明，APBF 模型能够有效地表示高阶、高分辨率的大地水准面。

参 考 文 献

[1] Bentel K, Schmidt M, Gerlach C. Different radial basis functions and their applicability for regional gravity field representation on the sphere [J]. GEM-International Journal on Geomathematics, 2013, 4(1): 67-96.

[2] Bucha B, Janák J, Papčo J, et al. High-resolution regional gravity field modelling in a mountainous area from terrestrial gravity data[J]. Geophysical Journal International, 2016, 207(2): 949-966.

[3] Denker H, Rapp R H. Geodetic and oceanographic results from the analysis of 1 year of Geosat data[J]. Journal of Geophysical Research, 1990, 95 (C8): 13151-13168.

[4] Denker H, Torge W, Wenzel G, et al. Investigation of different methods for the combination of gravity and GPS/levelling data[C]// The challenges of the first Decade IAG General Assembly Birmingham. Springer Berlin Heidelberg, 2000 (121): 137-142.

[5] Denker H, Torge W. The european gravimetric quasigeoid EGG97 - An IAG supported continental enterprise[C]// Internationel Assoeiation of Geodesy Symposia. Springer Berlin Heidelberg, 1998(119): 249-254.

[6] Denker H, Behrend D, Torge W. European gravimetric geoid: Status Report. Reedings, IAG Symposium[J]. Graz, 1994(113): 423-433.

[7] Denker H, Behrend D, Torge W. The european gravimetric quasigeoid EGG9S[J]. IAG Bulletin of D&apos 1996, 77(4): 3-11.

[8] Engelis T. Radial orbit error reduction and sea surface topography determination using satellite altimetry[M]. Columbus: The Ohio State University, 1987.

[9] Forsberg R . Gravity field terrain effect computations by FFT[J]. Bulletin Géodésique, 1985, 59(4): 342-360.

[10] Forsberg R, Tscherning C C. The use of height data in gravity field approximation by collocation[J]. Journal of Geophysical Research: Solid Earth, 1981, 86(B9): 7843-7854.

[11] Forsberg R. A study of terrain reductions, Reports of the Department of Geodetic Science and Surveying, 355. The density anomalies and geophysical inversion methods in gravity field modelling[R]. The Ohio State University, Columbus Columbus, 1984.

[12] Golub G H, Von Matt U. Tikhonov Regularization for Large Scale Problems[J]. Scientific Computing, 1997: 3-26.

[13] Grigoriadis V N, Vergos G S, Barzaghi R, et al. Collocation and FFT-based geoid estimation within the Colorado 1cm geoid experiment [J]. Journal of Geodesy, 2021, 95(5): 1-18.

[14] Haagmans R E, Erik de Min, Gelderen M. Fast evaluation of convolution integrals on the sphere using ID FFT, and a comparison with existing methods[J]. Manuscripta Geodaetica, 1993, 18(5): 27-241.

[15] Harrison J C, Dickinson M. Fourier transformation methods in local gravity modeling[J]. Bulletin Geodesique, 1989(63): 149-166.

[16] Heiskanen W A, Moritz H. Physical geodesy[J]. Bulletin Gæodésique, 1967, 86(1): 491-492.

[17] Huang J, Véronneau M. Canadian gravimetric geoid model 2010[J]. Journal of Geodesy, 2013, 87(8): 771-790.

[18] Hutchinson M F. A stochastic estimator of the trace of the influence matrix for Laplacian smoothing splines[J]. Communication in Statistics- Simula-

tion and Computation, 1989, 19(19): 432-450.

[19]Hwang C, Hwang L S . Satellite orbit error due to geopotential model error using perturbation theory: applications to ROCSAT - 2 and COSMIC missions[J]. Computers & Geosciences, 2002, 28(3): 357-367.

[20]Hwang C. Inverse Vening Meinesz formula and deflection-geoid formula: applications to the prediction of gravity and geoid over the South China Sea [J]. Journal of Geodesy, 1998, 72(4): 304-312.

[21]Ince E S, Barthelmes F, Reissland S, et al. ICGEM-15 years of successful collection and distribution of global gravitational models, associated services, and future plans[J]. Earth System Science Data, 2019, 11(2): 647-674.

[22]Jiang T . On the contribution of airborne gravity data to gravimetric quasigeoid modelling: a case study over Mu Us area[J]. Geophysical Journal International, 2018(2): 1308.

[23]Jiang T, Dang Y, Zhang C. Gravimetric geoid modeling from the combination of satellite gravity model, terrestrial and airborne gravity data: a case study in the mountainous area, Colorado[J]. Earth, Planets and Space, 2020, 72(1): 1-15.

[24]Kern M, Schwarz K K P P, Sneeuw N. A study on the combination of satellite, airborne, and terrestrial gravity data[J]. Journal of Geodesy, 2003, 77 (3): 217-225.

[25]Kim J H . Improved recovery of gravity anomalies from dense altimeter data. [D]. Columbus: The Ohio State University, 1995.

[26]Klees R, Tenzer R, Prutkin I, et al. A data-driven approach to local gravity field modelling using spherical radial basis functions[J]. Journal of Geodesy, 2008, 82(8): 457-471.

[27] Koch K R. Parameter estimation and hypothesis testing in linear models[M]. Berlin: Springer Science & Business Media, 2013.

［28］Kusche J, Klees R. Regularization of gravity field estimation from satellite gravity gradients［J］. Journal of Geodesy, 2002, 76(6)：359-368.

［29］Li X, Crowley JW, Holmes SA, et al. The contribution of the GRAV-D airborne gravity to geoid determination in the great lakes region［J］. Geophysical Research Letters, 2016, 43(9)：4358-4365.

［30］Lieb V, Schmidt M, Dettmering D, et al. Combination of various observation techniques for regional modeling of the gravity field［J］. Journal of Geophysical Research：Solid Earth, 2016, 121(5)：3825-3845.

［31］Mccubbine J C, Amos M J, Tontini F C, et al. The New Zealand gravimetric quasigeoid model 2017 that incorporates nationwide airborne gravimetry［J］. Journal of Geodesy, 2018, 92(8)：923-937.

［32］Moritz H. The role of geodetic nets in integrated geodesy. Deutsche Geodatische Konnissiun［J］. Reihe B：Angewandte Geodasie, 1982：50-64.

［33］Morrow R . Four-dimensional assimilation of altimetric and cruise data in the Azores current in 1992-93［J］. J. Geophys. Res, 1995：100.

［34］Rao C R. Representations of best linear unbiased estimators in the Gauss-Markoff model with a singular dispersion matrix ［J］. Journal of Multivariate Analysis, 1973, 3(3)：276-292.

［35］Rozanov Y, Sans F. Boundary value problems for harmonic random fields. In：Sansd F, Rummel Reds. Geodetic boundary value problems in view of the one geoid, lecture Notes in Earth Sciences［J］. Berlin：Springer, 1997：67-97.

［36］Rummel R, F Sansò. Principle of satellite altimetry and elimination of radial orbit errors［J］. Satellite Altimetry in Geodesy and Oceanography, 1993, 50 (5)：190-241.

［37］Rummel R, Sjoeberg L, Rapp R H . The determination of gravity anomalies from geoid heights using the inverse Stokes' formula, Fourier transforms, and least squares collocation[D]. Columbus: The Ohio State University, Columbus, 1978.

[38]Sacerdote F, Sans F. New developments of boundary value problems in physical geodesy[J]. Proceedings of the International Association of Geodesy, IAG Symposia, 1987: 369-390.

[39]Sacerdote F. New developments of boundary value problems in physical geodesy[J]. Proceedings of the International Association of Geodesy, IAG Symposia(Tome I), Vancouver, 1987: 369-390.

[40]Saleh J, Li X, Wang Y M, et al. Error analysis of the NGS'surface gravity database[J]. Journal of Geodesy, 2013, 87(3): 203-221.

[41]Sánchez L, Ågren J, Huang J, et al. Strategy for the realisation of the International Height Reference System (IHRS)[J]. Journal of Geodesy, 2021, 95(3): 1-33.

[42]Sánchez L, Agren J, Huang J, et al. Basic agreements for the computation of station potential values as IHRS coordinates, geoid undulations and height anomalies within the Colorado 1cm geoid experiment[J]. Version 0.5, October, 2018.

[43]Sandwell D T. Antarctic marine gravity field from high-density satellite altimetry[J]. Geophysical Journal International, 1992, 109(2): 437-448.

[44]Schmidt M, Han S C, Kusche J, et al. Regional high-resolution spatiotemporal gravity modeling from GRACE data using spherical wavelets[J]. Geophysical Research Letters, 2006, 33(8): 2780-2785.

[45]Schmidt M, Fengler M, Mayer-Gürr T, et al. Regional gravity modeling in terms of spherical base functions[J]. Journal of Geodesy, 2007, 81(1): 17-38.

[46]Schwarz K P, Sideris M G, Forsberg R. The use of FFT techniques in physical geodesy[J]. Geophys J Int, 1990(100): 485-514.

［47］Seeber Günter. Satellite Geodesy［M］. Berlin：Walter de Gruyter，2003.

［48］Shih H C，Hwang C，Barriot J P，et al. High-resolution gravity and geoid models in Tahiti obtained from new airborne and land gravity observations：data fusion by spectral combination［J］. Earth，Planets and Space，2015，67（1）：1-16.

［49］Sideris M G，Schwarz K P. Advances in the numerical solution of the linear molodensky problem［J］. Bull Géod，1998（62）：59-69.

［50］Sideris M G，Schwarzs K P. Solving Molodensky's Series by Fast Fourier Transformation Techniques［J］. Bulletin Geodesique，1986，60（1）：51-63.

［51］Smith W，Wessel P . Gridding with continuous curvature splines in tension［J］. Geophysics，1990，55（3）：293-305.

［52］Smith D A，Milbert D G. The GEOID96 highresolution geoid height model for the United States［J］. Journal of Geodesy，1999（73）：219-236.

［53］Smith D A，Roman D R. GEOID99 and G99SSS：Iarcminute geoid models for the United States［J］. Journal of Geodesy，2001（75）：469-490.

［54］Tscherning C C，RAPP R H. Closed covariance expressions for gravity anomalies，geoid undulations，and deflections of the vertical implied by anomaly degree variance models［J］. Scientific Interim Report Ohio State Univ，1974.

［55］Varga M，Pitoňák M，Novák P，et al. Contribution of GRAV-D airborne gravity to improvement of regional gravimetric geoid modelling in Colorado，USA［J］. Journal of Geodesy，2021，95（5）：1-23.

［56］Wang Y M，Sánchez L，Ågren J，et al. Colorado geoid computation experiment：overview and summary［J］. Journal of Geodesy，2021，95（12）：1-21.

［57］Wittwer T. Regional gravity field modelling with radial basis functions［C］//Publications on Geodesy. 2009.

[58]Wu Y, Luo Z, Chen W, et al. High-resolution regional gravity field recovery from Poisson wavelets using heterogeneous observational techniques[J]. Earth, Planets and Space, 2017, 69(1): 1-15.

[59]Wu Y, Zhou H, Zhong B, et al. Regional gravity field recovery using the GOCE gravity gradient tensor and heterogeneous gravimetry and altimetry data [J]. Journal of Geophysical Research: Solid Earth, 2017, 122(8): 6928-6952.

[60]安德林. 空间大地测量与地球动力学[M]. 胡国理, 李军, 苏华, 译. 北京: 解放军出版社, 1991.

[61]暴景阳, 晁定波, 李建成, 等. 由T/P卫星测高数据建立中国南海潮汐模型的初步研究[J]. 武汉大学学报(信息科学版), 1999, 24(4): 341-345.

[62]党亚民, 章传银, 陈俊勇, 等. 现代大地测量基准[M]. 北京: 测绘出版社, 2015.

[63]郭俊义. 物理大地测量学基础[M]. 武汉: 武汉测绘科技大学出版社, 1994.

[64]韩桂军. 伴随法在潮汐和海温数值计算中的应用研究[D]. 青岛: 中国科学院海洋研究所, 2001.

[65]胡明城. 现代大地测量学的理论及其应用[M]. 北京: 测绘出版社, 2003.

[66]海斯卡涅, 莫里兹. 高等物理大地测量学[M]. 宁津生, 管泽霖, 译. 北京: 测绘出版社, 1982.

[67]黄金维, 朱灼文. 外部扰动重力场的频谱响应质点模型[J]. 地球物理学报, 1995, 38(2): 182-188.

[68]李建成, 陈俊勇, 宁津生, 等. 地球重力场逼近理论与中国2000似大地水准面的确定[M]. 武汉: 武汉大学出版社, 2003.

[69]宁津生, 李建成, 晁定波, 等. WDM94360阶地球重力场模型研究[J]. 武汉测绘科技大学学报, 1994, 19(4): 283-291.

[70]宁津生，邱卫根，陶本藻. 地球重力场模型理论[M]. 武汉：武汉测绘科学大学，1990.

[71]宁津生. 地球重力场逼近理论研究进展[J]. 武汉测绘科技大学学报，1998，23(4)：310-313.

[72]宁津生. 卫星重力探测技术与地球重力场研究[J]. 大地测量与地球动力学，2002，22(1)：1-5.

[73]邱斌，朱建军，乐科军. 高阶地球重力场模型的评价及其优选[J]. 测绘科学，2008，33(5)：25-27.

[74]王正涛. 卫星跟踪卫星测量确定地球重力场的理论与方法[D]. 武汉：武汉大学，2005.

[75]许厚泽. 关于高程系统的思考[J]. 地理空间信息，2016，14(1)：1-3.

[76]张精明，闫建强，王福民. 地球重力场模型精度分析与评价[J]. 石油地球物理物探，2010，45(增刊)：230-233.

[77]章传银，李建成，晁定波. 联合卫星测高和海洋物理数据计算近海平均海面地形[J]. 武汉测绘科技大学学报，2000，25(6)：500-504.

[78]郑伟，许厚泽，钟敏，等. 地球重力场模型研究进展和现状[J]. 大地测量与地球动力学，2010，30(4)：83-91.